延迟焦化装置隐蔽项目检查方法

中国石油化工股份有限公司炼油事业部　编

中国石化出版社

图书在版编目（CIP）数据

延迟焦化装置隐蔽项目检查方法 / 中国石油化工股份有限公司炼油事业部编 . —北京：中国石化出版社，2020.7
ISBN 978-7-5114-5863-6

Ⅰ. ①延…　Ⅱ. ①中…　Ⅲ. ①延迟焦化 – 焦化装置 – 设备检修　Ⅳ. ① TE963

中国版本图书馆 CIP 数据核字（2020）第 101521 号

中国石化出版社出版发行
地址：北京市东城区安定门外大街 58 号
邮编：100011　电话：(010) 57512500
发行部电话：(010) 57512575
http：//www.sinopec-press.com
E-mail：press@sinopec.com
北京柏力行彩印有限公司印刷
全国各地新华书店经销
*
710×1000 毫米 16 开本 6.5 印张 80 千字
2020 年 7 月第 1 版　2020 年 7 月第 1 次印刷
定价：30.00 元

编 委 会

序 言

随着我国炼化装置越来越大型化、智能化和集约化，安全、环保、稳定运行和效益的矛盾日益突出，如何实现炼化装置设备、管道及设施的长周期完好，是摆在我们面前急需解决的课题。隐蔽项目的检查是装置检修的难点，不仅存在着诸多的未知因素，而且还面临着隐蔽项目检查和检修不到位或判断失误，造成装置停车或事故，严重影响着装置的“安稳长”运行。

目前，大型的炼化装置已经实现了“四年一修”的目标，未来正在向“五年一修”的目标迈进，要求各级设备管理人员不仅要有设备运行、维护和检修的经验，更重要的是对隐蔽项目会制定方案、会找问题、会检修，确保装置设备、管道及设施在可控的范围内发挥更大的作用。随着设备检修要求的提高和检修周期的延长，装置与之管理相适应人员的经验略显不足，技术水平急需提高，隐蔽项目“不怕查出问题，就怕有问题查不出来”，这种现象已经引起了我们的高度重视。目前急需一个装置隐蔽工程检查规范的指导性书籍，把隐蔽项目检查内容、方式和作业行为进行规范，避免由各企业或者设备管理人员、检修人员自行操作，使之过去存在的随意性大、不科学、不专业得以纠正，防止出现过修、失修造成安全事故。编制一部具有较强的专业性和实用性的工具书来指导隐蔽项目检查，势在必行。

本书是一部专门针对炼油装置隐蔽项目检查方法和过程控制的工具书，重点解决隐蔽项目“查什么？怎么查？过程如何控制？”的问题，针对中国石化炼化装置历史故障和维修的大量数据，分析可能出现的问题，利用现代的检测手段，制定检查部位和检查方法，确定修复措施。本书对于指导工艺管理人员、设备管理人员、检修人员制定检修计划、检修方案具有很强的实用价值，有助于提高隐藏缺陷的检出率、修复率和检修效率，降低因隐蔽项目带来的风险和经济损失。本书语言通俗易懂，描述细致详实，图文并举，可作为检修方案的编制依据，可作为工艺、设备和检维修管理人员的培训教材，可作为专业人员的参考书籍。

诚然，由于时间仓促，编者水平有限，本书难免有错漏之处，需广大设备管理工作者在实践中不断指正，在以后的版本中加以改进和完善。

目　录

1　延迟焦化装置简介

延迟焦化装置属于炼厂二次加工装置，其流程简单，投资少，是提高炼油厂轻质油收率的重要手段之一。石油焦又是炼钢、炼铝工业电极的主要原料，同时还可以在一定条件下处理废油、废渣，解决环保问题。相对于催化裂化、重油加氢精制、加氢裂化难于加工的重质高含硫、高金属含量的渣油，采用延迟焦化加工手段是一项最好的技术。延迟焦化的产品容易处理，焦化干气可作制氢原料，焦化汽油加氢后可作重整或乙烯裂解原料，加氢后的焦化柴油十六烷值高，焦化蜡油可作催化裂化或加氢裂化的原料。

延迟焦化装置作为唯一采用“间歇 – 连续”生产形式的重油加工炼油装置，具有以下特点：一是原料性质差、腐蚀性强，既可以加工渣油、油浆，也可以加工脱油沥青、污油和污泥；二是现场操作调整频繁，现场维护与管理的难度大；三是工艺装置涵盖反应单元、分馏单元、吸收稳定单元，另外附属有吹汽放空、水力除焦、切焦水、冷焦水密闭处理等单元；四是生产的产品有干气、液态烃、汽油、柴油、蜡油和石油焦等产品；五是加热炉出口温度高，一般控制在495~505℃。

1.1　延迟焦化工艺简介

延迟焦化工艺是重油焦炭化过程（简称焦化）主要的工业化形

式，我国在1958年试验成功了“延迟焦化”方法，1963年又试验成功了水力除焦技术。此后，工业化延迟焦化装置相继建成投产，延迟焦化工艺日益成熟。近几年来，由于该工艺具有技术成熟、投资较低、对原料适应性大、经济性较高等特点，尤其适应目前我国原油普遍变重、变差这一实际情况，所以发展迅速。

延迟焦化就是以渣油为原料，经加热炉加热到高温（500℃左右），迅速转移到焦炭塔中进行深度热裂化反应，即把焦化反应延迟到焦炭塔中进行，减轻炉管结焦程度，延长装置运行周期。焦化过程产生的油气从焦炭塔顶部到分馏塔中进行分馏，可获得焦化干气、液态烃、汽油、柴油和蜡油产品；留在焦炭塔中的焦炭经除焦系统处理，可获得焦炭产品（也称石油焦）。

减压渣油经焦化过程可以得到70%~80%的馏分油。焦化气体与炼油厂其他烃类气体相比，由于甲烷含量高，氢碳比高，所制得的氢气产率高，是较好的制氢原料。用它制氢的氢气产率比石脑油制氢高6~7个百分点，可以明显降低工业氢气成本。焦化石脑油是良好的乙烯裂解原料，延迟焦化中很少有异构化、芳构化等反应，所以焦化石脑油产物中有一定的烷烃含量，其中正构烃含量比催化裂化汽油、加氢裂化石脑油都高。焦化柴油烷烃含量、十六烷值均高于催化裂化柴油，加氢后是较好的车用柴油组分。从柴油族组成看，焦化柴油烷烃含量居中，加氢裂化柴油的烷烃含量最高，十六烷指数也最高；焦化蜡油主要是作为加氢裂化或催化裂化的原料。焦炭除了可用作燃料外，还可用作高炉炼铁之用。作为中油轻质化过程，焦化过程的主要优点是它可以加工残炭值及重金属含量很高的各种劣质渣油，在现代炼油工业中，通过合理地配置石油资源和优化装置结构，它仍然是一个十分重要的提高轻质油收率的有效途径。

1.2 装置设备损伤机理及分布情况

延迟焦化装置易腐蚀部位如图 1 所示，其主要表现在：温度高于 240℃以上的高温重油部位，如分馏塔的底部、蜡油段和柴油段，以及分馏塔相应的高温重油管线及管件、焦化炉前的原料油管线、焦化炉炉管等，腐蚀形式为 $S+H_2S+RSH+RCOOH$ 腐蚀，特别是当这些部位的材质为碳钢时，腐蚀较严重；温度低于 120℃的低温部位，如分馏塔顶部塔盘、冷凝器、分液罐、吸收稳定塔顶系统以及相应管线等，腐蚀形式主要为湿硫化氢损伤以及氯化铵盐引起的垢下腐蚀；焦化炉辐射段炉管外壁高温氧化和脱碳，内壁高温硫腐蚀，炉管材质珠光体球化；空气预热器烟气露点腐蚀；低频热疲劳、急冷引起焦炭塔的塔体变形焊缝开裂；因掺炼催化油浆造成的管线、阀门冲刷腐蚀。

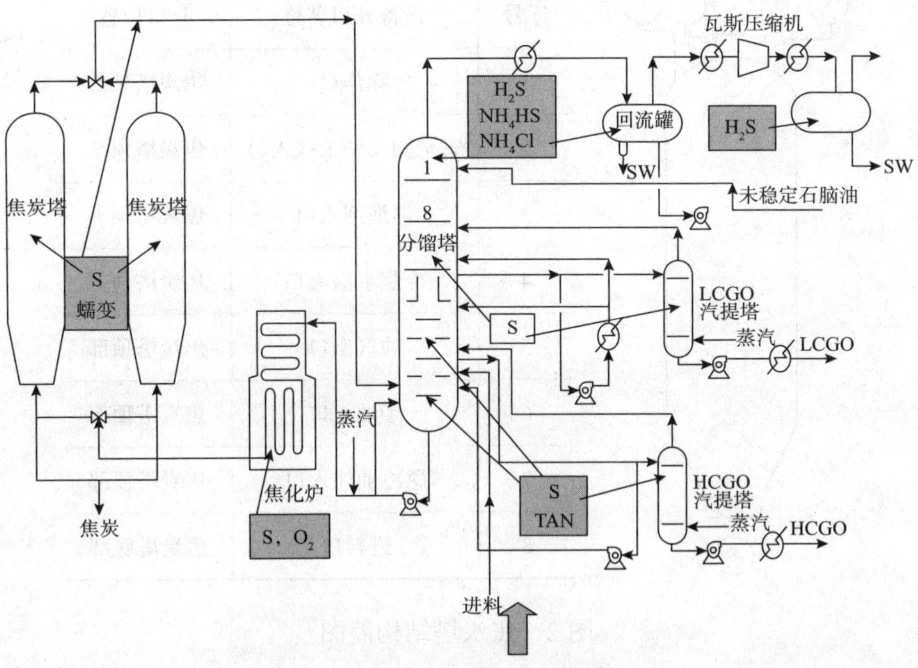

图 1　延迟焦化装置易腐蚀部位

2 延迟焦化装置隐蔽项目检查及处理

2.1 焦炭塔

2.1.1 结构图

焦炭塔结构如图 2 所示。

焦炭塔开口说明

序号	设备开口名称	开口位置
1	除焦口	焦炭塔顶部
2	安全阀及开工线入口	焦炭塔顶部
3	消泡剂入口	焦炭塔顶部
4	冷焦水溢流口	焦炭塔顶部
5	油气出口	焦炭塔顶部
6	柴油入口	焦炭塔顶部
7	急冷油注入口	焦炭塔顶部
8	进料口	焦炭塔底部

图 2　焦炭塔结构简图

2.1.2 结构特点及失效机理

焦炭塔主体材质一般选用铬钼钢加复合层，目前常用材质为：上段采用铬钼钢 15CrMoR + 不锈钢 06Cr13 复合钢板；下段由于有焦炭层保护，腐蚀不严重，故采用 15CrMoR；下封头与裙座过渡段采用锻件结构，材质为 15Cr1Mo。

焦炭塔的工艺特点是操作温度高，最高可达到 505℃，操作温度变化频繁，每一个操作周期都要由常温变化到最高操作温度，并且生焦周期越短，变温速度越快；它不但是一个反应器而且还是一个装焦炭的容器，操作不当会使生焦的泡沫溢出，造成后部系统结焦。焦炭塔在生焦过程中基本处于恒温操作。在除焦过程中要经过先降温再升温的变化过程。

焦炭塔操作时，塔壁温度变化复杂，引起的应力也非常复杂。如果单向为壁厚方向引起的热应力，当升温时塔外壁为拉应力，而当单向为纵向温差引起的热应力，则塔外壁为压应力。如果这时的综合应力超过了材料在该温度下的屈服强度，则会引起塔壁的局部塑性变形，反复循环，将出现“热应力棘轮现象”，它比相同的定常应力的静态蠕变要大得多，这就是焦炭塔鼓胀变形的主要原因。伴随着长期反复冷却和反复加热可导致塔体变形、鼓胀和开裂。

2.1.3 隐蔽项目检查方法

焦炭塔隐蔽项目检查方法如表 1 所示。

表 1 焦炭塔隐蔽项目检查方法

设备部位	检查项目	检查内容及标准
壳体	1. 宏观检查	1.1 内部检查：本体、对接焊缝、接管角焊缝等部位是否存在裂纹、变形、冲刷等；焊缝表面（包括热影响区），以肉眼或 5~10 倍放大镜检查裂纹；对接焊缝余高应与本体齐平，角焊缝圆滑过渡；下锥段内壁是否存在机械损伤。
		1.2 外部检查：目视检查塔体外部，无腐蚀、鼓包、变形。

续表

设备部位	检查项目	检查内容及标准
壳体	2. 测厚检查	2. 测厚壁厚应大于安全壁厚，且与上次测量数据接近，重点检查部位如下： ①上封头自封头与筒体环缝约 200mm 处，每隔 200mm 进行测厚（分别在东、南、西、北四个方位）；筒体与封头、筒节间环缝约 40mm 处分东、南、西、北四个方位测厚。 ②接管短节分别在东、南、西、北四个方位距筒体约 50mm 处测厚，塔顶安全放空系统管测厚抽查，重点为安全阀入口集合管。 ③表面宏观检验查出的缺陷并已进行打磨的部位。 ④发现严重腐蚀部位及冲刷凹陷处。 ⑤错边及棱角度较严重的部位。 ⑥其他位置根据实际情况增加检测比例。
	3. 无损检测	3.1 从内部对顶封头、塔体（不含复合层）环 / 纵焊缝，下锥体纵焊缝进行磁粉检测，抽查比例不低于 20%，发现问题增加检测比例至 100%。裙座与下锥段环焊缝进行 100% 的磁粉检测，塔顶油气线接管焊缝进行 100% 磁粉检测。
		3.2 渗透检查裂纹情况，具体检查位置如下： ①筒体内壁（复合层）环缝及热影响区、T 形焊缝不低于 20% 渗透检测；塔体接管焊缝、补强圈焊缝进行 100% 渗透检测。 ②返修部位。 ③其他部位根据实际情况进行抽检。
	4. 理化检查	4. 硬度检测主要检查部位为内壁焊缝及热影响区、裙座焊缝，其他部位进行抽检。对焦炭塔内壁及裙座焊缝做金相检测抽查（根据宏观检查、硬度检测结果）。
	5. 引压点检查	5. 引压管畅通完好，重点检查塔底进料管口部位取压点及塔顶引压管。
	6. 压力表、仪表等辅助安全设备检查	6. 相关压力表、仪表拆检校验合格，核料位计定期检测。

续表

设备部位	检查项目	检查内容及标准
壳体	7. 裙座及基础检查	7. 裙座有无变形、裂纹，基础板有无腐蚀；裙座应力释放孔有无裂纹，从内部检查基础有无裂纹破损、下沉、歪斜，地脚螺栓有无松动，垫铁点焊是否牢固。
	8. 筒体不圆度、外圆周长、不直度检查	8. 根据现场条件及施工方案要求进行检查，可采用激光测距手段，详细标注可见 SHS 01007《塔类设备维护检修规程》。
	9. 防火及防腐等检查	9. 防火涂料完好，无剥落及劣化；焦炭塔披挂式保温检查无破损，外保护箍圈不松弛；停工前检测外壁温度小于 50℃，对大于 50℃的部位进行更换。
附件	1. 检查塔区消防线、放空线等安全设施	1. 塔区消防线、放空线等安全设施齐全畅通，照明设施齐全完好，防雷接地完好。
	2. 检查梯子、平台、栏杆	2. 梯子、平台、栏杆完整、牢固，防腐、防火、油漆完整美观。弹簧支吊架进行目视检查，如发现问题请专业厂家进行专项检查确定是否更换。
	3. 检查安全阀和各种指示仪表	3. 安全阀和各种指示仪表应有校验记录；压力表、温度计表面应用红线标出上、下限，附属阀门灵活好用。
	4. 检查与塔相连管线阀门	4. 与塔相连管线阀门灵活好用，法兰螺栓、垫片齐全且紧固，各相邻管线焊缝检测无超标缺陷，特别是交变应力部位着重检查。
密封面	1. 检验情况	1. 密封面检查无裂纹，必要时进行磁粉或渗透检测，非密封面部位硬度抽查。
	2. 密封面清洁度检查	2. 法兰密封面光洁无机械损伤、径向刻痕、严重锈蚀等缺陷，法兰孔及法兰除锈并吹扫干净。
	3. 安装要求	3. 高温螺栓需涂抹抗高温咬合剂，并按要求进行紧固安装。

2.1.4 处理措施

（1）裂纹处理：内、外表面不允许有裂纹。如果有裂纹，应当打磨消除，打磨后形成的凹坑在允许范围内；否则，应当补焊修复合格，难以补焊修复的应进行应力分析和安全评估，评估结果表明不影响安全使用的可不处理。

（2）螺栓检查：螺栓拆检后需保存完好，必要时进行无损检测抽查；根据使用状况及抽检情况制定更换螺栓比例，更换新螺栓需对角更换。

（3）法兰密封面损坏，一般可进行研磨修复，严重损坏时需制定相关修复方案。

（4）更换不合格压力表及辅助设备。

（5）根据检查情况对基础进行修复。

（6）按相关防火及防腐规定修复。

（7）筒体内检测，宜采用升降平台进行配合实施。

2.2 分馏塔

2.2.1 结构简图

分馏塔结构如图 3 所示。

2.2.2 结构特点及失效机理

分馏塔主要的腐蚀机理为顶部塔壁、塔封头及塔内构件、塔顶冷凝冷却系统的 H_2S+HCl+NH_3+H_2O 腐蚀；对碳钢构件，腐蚀形态为均匀腐蚀减薄及硫化物应力腐蚀开裂；对 06Cr13 不锈钢为点蚀；底部塔壁及底封头主要为高温硫腐蚀的均匀腐蚀减薄。

焦化分馏塔开口说明表

序号	设备开口名称	开口位置
1	塔底循环油抽出口	塔底部
2	蒸汽入口	塔底侧面
3	循环油抽出口	塔底侧面
4	循环油返回口	塔底侧面
5	油气入口	人字挡板下部
6	油气平衡口	人字挡板下部
7	循环油返回口	人字挡板下部
8	循环油返回口	人字挡板上部
9	甩油入口	1 层塔盘上部
10	蜡油内回流口	4 层塔盘上部
11	蜡油抽出口	蜡油集油箱底
12	汽提塔顶油气返回口	6 层塔盘上部
13	蜡油返回口	8 层塔盘上部
14	中段抽出口	16 层塔盘上部
15	中段返回口	20 层塔盘上部
16	柴油内回流返回口	21 层塔盘上部
17	柴油抽出口	柴油集油箱底
18	柴油回流返回口	23 层塔盘上部
19	富吸收油返回口	25 层塔盘上部
20	顶循内回流返回口	32 层塔盘上部
21	顶循抽出口	顶循集油箱底
22	顶循返回口	35 层塔盘上部
23	放空口	分流塔顶
24	安全阀口	分流塔顶
25	油气出口	分流塔顶

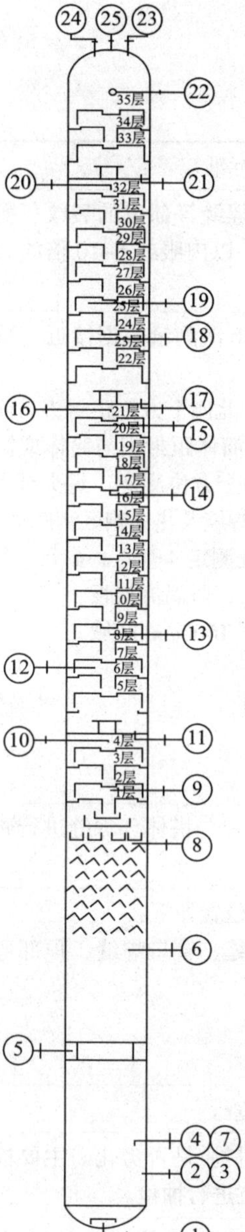

图 3　焦化分馏塔结构简图

2.2.3 隐蔽项目检查方法

分馏塔隐蔽项目检查方法如表 2 所示。

表 2　分馏塔隐蔽项目检查方法

设备部位	检查项目	检查内容及标准
壳体	1. 宏观检查	1. 容器本体、对接焊缝、接管角焊缝等部位的裂纹、变形、泄漏等，焊缝表面（包括近缝区），以肉眼或 5~10 倍放大镜检查裂纹。
	2. 测厚检查	2. 测厚壁厚大于安全壁厚，且与上次测量数据接近，重点检查部位如下： ①上、下封头分别在东、南、西、北四个方位距封头与筒体环缝约 200mm 起每隔 200mm 处测定；筒体距封头与筒体或筒节间环缝约 40mm 处分东、南、西、北四个方位测定。封头至少 5 点顶部及四个方位；筒体环焊缝、T 形焊缝及热影响区测厚抽查。 ②所有接管短节距筒体约 50mm 处测定 4 个点，4 个点沿圆周均布，以及进出口弯头、排凝管弯头、防涡流挡板。 ③根据日常操作液位波动区域上下 1000mm 区域。 ④已进行打磨处理的部位。 ⑤发现严重腐蚀部位及冲刷凹陷处。 ⑥错边及棱角度较严重的部位。 ⑦其他位置根据情况进行抽检。
	3. 无损检测	3.1 对壳体内表面纵、环焊缝、裙座与塔体环焊缝进行磁粉检测抽查。
		3.2 渗透检查裂纹情况，具体检查位置如下： ①支承梁、支承圈焊缝、吊耳焊缝、管口焊缝、顶部弯管密封槽及连接管道密封槽。 ②返修部位。 ③其他部位进行抽检检测。
		3.3 根据检测情况进行超声检测抽查。
	4. 材质检查	4. 硬度检测，检查主要受压元件材质是否劣化。主要检查部位为内外壁焊缝热影响区，其他部位进行抽检。
	5. 引压点检查	5. 引压管畅通完好，重点关注液位计管口等。
	6. 塔内各支撑焊接部位开裂、错位、磨损情况	6. 塔内各支撑部件不允开裂、错位、磨损，限位卡件固定螺母需双螺母锁紧或点焊。

续表

设备部位	检查项目	检查内容及标准
壳体	7. 压力表、仪表等辅助安全设备检查	7. 相关压力表、仪表拆检校验合格。
	8. 裙座及基础检查	8. 裙座无变形、裂纹，基础板无腐蚀；基础无裂纹破损、下沉、歪斜、地脚螺栓有无松动。
	9. 内部清洁度检查	9. 内部清洁无杂物，管线畅通无阻。
	10. 不圆度、外圆周长、不直度检查。	10. 根据现场条件及施工方案要求进行检查，详细标注可见 SHS 01007《塔类设备维护检修规程》。
	11. 防火及保温等检查	11. 防火涂料完好，无剥落及裂化；保温无破损，外保护箍圈不松弛，停工前检测外壁温度小于 50℃，对大于 50℃的部位进行修复、更换。
塔盘	1. 松动情况检查	1. 塔内构件和塔盘等必须坚固牢靠。敲击过程无松动现象。
	2. 腐蚀情况检查	2. 检查塔盘板厚度是否腐蚀减薄，重点检查进料口附近塔盘减薄情况。
	3. 塔盘变形情况	3. 检查塔盘是否有吹翻及变形现象并记录形成档案。
	4. 检查塔内各构件表面、各出入口、降液管	4.塔内各构件表面清洁无杂物；各出入口、降液管等无堵塞。集油箱做沉液试验。
	5. 检查浮阀开启情况	5. 浮阀应开启灵活开度一致，用手轻轻拍打无卡涩；塔盘上阀孔直径冲蚀后，深度尺测量其孔径增大值不大于 2mm。
	6. 检查受液盘、降液板等允差	6. 根据现场条件及施工方案要求进行检查，详细标注可见 SHS 01007《塔类设备维护检修规程》。
	7. 支承圈检查	7. 支承圈上表面应平整，（用水平仪测量）整个支承圈水平度允差为 3mm（$D \leqslant 1600$）、5mm（D=1600~4000）、6mm（D=4000~6000）；相邻两层支承圈的间距尺寸偏差为 ±3mm，任意两层支承圈间距尺寸偏差在 20 层内为 ±10mm。
	8. 支承梁检查	8. 支承梁上表面应平直，其直线度公差为 1‰ L（L 为支承梁长度），且不大于 5mm；支撑梁上表面应与支承圈上表面在同一水平面上，（用水平仪测量）水平度允差为 3 mm。

续表

设备部位	检查项目	检查内容及标准
塔盘	9. 检查塔内污垢情况和塔板各部件的污垢、堵塞情况	9. 塔内污垢和塔板各部件污垢应清理干净，浮阀应活动灵活无卡涩。
	10. 喷淋设施检查	10. 检查喷嘴是否堵塞、冲刷、卡子是否松动变形，主管线是否腐蚀，支管是否弯曲变形。上水进行喷淋试验。
附件	1. 检查塔区消防线、放空线等安全设施	1. 塔区消防线、放空线等安全设施齐全畅通，照明设施齐全完好，防雷接地完好。
	2. 检查梯子、平台、栏杆	2. 梯子、平台、栏杆完整、牢固，保温、油漆完整美观。
	3. 检查安全阀和各种指示仪表	3. 安全阀和各种指示仪表应有校验记录；压力表、温度计、液位计表面应用红线标出上、下限，附属阀门灵活好用。
	4. 检查与塔相连管线阀门	4. 与塔相连管线阀门灵活好用，法兰螺栓、垫片齐全且紧固，管线焊缝（特别是转油线入塔壁的焊缝）渗透检测无明显缺陷。重点检查塔底管线弹簧支吊架。
密封面	1. 检查情况	1. 密封面光洁无机械损伤、径向刻痕、严重锈蚀等缺陷，必要时进行修复和无损检测。
	2. 密封面清洁度检查	2. 法兰密封面光洁无机械损伤、径向刻痕、严重锈蚀等缺陷，法兰孔及法兰清锈并吹扫干净。
	3. 安装要求	3. 高温螺栓需涂抹高温抗咬合剂，并按要求进行紧固安装。

2.2.4 处理措施

（1）裂纹处理：对于外表面深度小于 3mm 裂纹等缺陷打磨修复；超过 3mm 的组织专家评审修复方案或作合于使用评价。

（2）塔盘修复或更换：塔盘普通变形可进行捶打或液压压平修复；出现减薄严重的进行更换。

（3）浮阀卡涩或缺失按需进行更换。

（4）回流管变形或减薄严重需进行更换。

（5）防涡流挡板出现腐蚀严重或焊缝开裂需进行修复或更换。

（6）螺栓检查：螺栓一般拆检后需保存完好，必要时进行无损检测抽查；根据使用状况及抽检情况制定更换螺栓比例，更换新螺栓需对角更换。

（7）法兰密封面损坏，一般可进行研磨修复，严重损坏时需制定相关修复方案。

（8）根据检查情况对基础进行修复。

（9）按相关防火及保温规定修复。

（10）更换不合格压力表及辅助设备。

2.3 蜡油汽提塔

2.3.1 结构简图

蜡油汽提塔结构如图 4 所示。

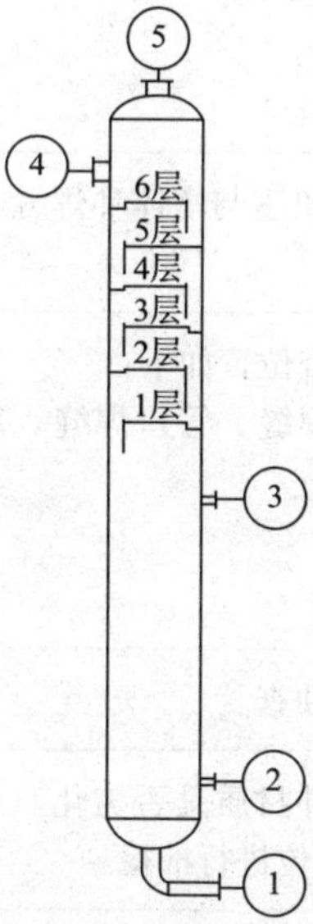

蜡油汽提塔开口说明表

序号	设备开口名称	开口位置
1	蜡油抽出口	塔底部
2	吹扫蒸汽入口	塔底侧面
3	汽提蒸汽入口	1 层塔盘下部
4	蜡油入口	6 层塔盘上部
5	油气出口	汽提塔顶

图 4　蜡油汽提塔结构简图

2.3.2 隐蔽项目检查方法

蜡油汽提塔隐蔽项目检查方法如表 3 所示。

表 3　蜡油汽提塔隐蔽项目检查方法

设备部位	检查项目	检查内容及标准
壳体	1. 宏观检查	1. 容器本体、对接焊缝、接管角焊缝等部位的裂纹、变形、泄漏等，焊缝表面（包括近缝区），以肉眼或 5~10 倍放大镜检查裂纹。
	2. 测厚检查	2. 测厚壁厚大于安全壁厚，且与上次测量数据接近，重点检查部位如下： ①上、下封头分别在东、南、西、北四个方位距封头与筒体环缝约 200mm 起每隔 200mm 处测定；筒体距封头与筒体或筒节间环缝约 40mm 处分东、南、西、北四个方位测定。封头至少 5 点顶部及四个方位；筒体环焊缝、T 形焊缝及热影响区测厚抽查。 ②所有接管短节距筒体约 50mm 处测定 4 个点，4 个点沿圆周均布，以及进出口弯头、排凝管弯头、防涡流挡板。 ③根据日常操作液位波动区域上下 1000mm 区域。 ④已进行打磨处理的部位。 ⑤发现严重腐蚀部位及冲刷凹陷处。 ⑥错边及棱角度较严重的部位。 ⑦其他位置根据情况进行抽检。
	3. 无损检测	3.1 对壳体内表面纵、环焊缝、裙座与塔体环焊缝进行磁粉检测抽查。
		3.2 渗透检查裂纹情况，具体检查位置如下： ①支承梁、支承圈焊缝、吊耳焊缝、管口焊缝、顶部弯管密封槽及连接管道密封槽。 ②返修部位。 ③其他部位进行抽检检测。
		3.3 根据检测情况进行超声检测抽查。
	4. 材质检查	4. 硬度检测，检查主要受压元件材质是否劣化。主要检查部位为内外壁焊缝热影响区，其他部位进行抽检。
	5. 引压点检查	5. 引压管畅通完好，重点关注液位计管口等。

续表

设备部位	检查项目	检查内容及标准
壳体	6. 塔内各支撑焊接部位开裂、错位、磨损情况	6. 塔内各支撑部件不允开裂、错位、磨损，限位卡件固定螺母需双螺母锁紧或点焊。
	7. 压力表、仪表等辅助安全设备检查	7. 相关压力表、仪表拆检校验合格。
	8. 裙座及基础检查	8. 裙座无变形、裂纹，基础板无腐蚀；基础无裂纹破损、下沉、歪斜；地脚螺栓有无松动。
	9. 内部清洁度检查	9. 内部清洁无杂物，管线畅通无阻。
	10. 不圆度、外圆周长、不直度检查	10. 根据现场条件及施工方案要求进行检查，详细标准可见 SHS 01007《塔类设备维护检修规程》。
	11. 防火及保温等检查	11. 防火涂料完好，无剥落及裂化；保温无破损，外保护箍圈不松弛，停工前检测外壁温度小于 50℃，对大于 50℃的部位进行修复、更换。
塔盘	1. 松动情况检查	1. 塔内构件和塔盘等必须坚固牢靠。敲击过程无松动现象。
	2. 腐蚀情况检查	2. 检查塔盘板厚度是否腐蚀减薄，重点检查进料口附近塔盘减薄情况。
	3. 塔盘变形情况	3. 检查塔盘是否有吹翻及变形现象并记录形成档案。
	4. 检查塔内各构件表面、各出入口、降液管	4.塔内各构件表面清洁无杂物；各出入口、降液管等无堵塞。集油箱做沉液试验
	5. 检查浮阀开启情况	5. 浮阀应开启灵活开度一致，用手轻轻拍打无卡涩；塔盘上阀孔直径冲蚀后，深度尺测量其孔径增大值不大于 2mm。
	6. 检查受液盘、降液板等允差	6. 根据现场条件及施工方案要求进行检查，详细标准可见 SHS 01007《塔类设备维护检修规程》。

续表

设备部位	检查项目	检查内容及标准
塔盘	7. 支承圈检查	7. 支承圈上表面应平整，（用水平仪测量）整个支承圈水平度允差为 3mm（$D \leqslant 1600$）、5mm（D=1600~4000）、6mm（D=4000~6000）；相邻两层支承圈的间距尺寸偏差为 ±3mm，任意两层支承圈间距尺寸偏差在 20 层内为 ±10mm。
	8. 支承梁检查	8. 支承梁上表面应平直，其直线度公差为 1‰ L（L 为支承梁长度），且不大于 5mm；支撑梁上表面应与支承圈上表面在同一水平面上，（用水平仪测量）水平度允差为 3 mm。
	9. 检查塔内污垢情况和塔板各部件的污垢、堵塞情况	9. 塔内污垢和塔板各部件污垢应清理干净，浮阀应活动灵活无卡涩。
	10. 喷淋设施检查	10. 检查喷嘴是否堵塞、冲刷、卡子是否松动变形，主管线是否腐蚀，支管是否弯曲变形。上水进行喷淋试验。
附件	1. 检查塔区消防线、放空线等安全设施	1. 塔区消防线、放空线等安全设施齐全畅通，照明设施齐全完好，防雷接地完好。
	2. 检查梯子、平台、栏杆	2. 梯子、平台、栏杆完整、牢固，保温、油漆完整美观。
	3. 检查安全阀和各种指示仪表	3. 安全阀和各种指示仪表应有校验记录；压力表、温度计、液位计表面应用红线标出上、下限，附属阀门灵活好用。
	4. 检查与塔相连管线阀门	4. 与塔相连管线阀门灵活好用，法兰螺栓、垫片齐全且紧固，管线焊缝（特别是入塔壁的焊缝）渗透检测无明显缺陷。重点检查塔底管线弹簧支吊架。
密封面	1. 检查情况	1. 密封面光洁无机械损伤、径向刻痕、严重锈蚀等缺陷，必要时进行修复和无损检测。
	2. 密封面清洁度检查	2. 法兰密封面光洁无机械损伤、径向刻痕、严重锈蚀等缺陷，法兰孔及法兰清锈并吹扫干净。
	3. 安装要求	3. 高温螺栓需涂抹高温抗咬合剂，并按要求进行紧固安装。

2.3.3 处理措施

（1）裂纹处理：对于外表面深度小于 3mm 裂纹等缺陷打磨修复；超过 3mm 的组织专家评审修复方案或作合于使用评价。

（2）塔盘修复或更换：塔盘普通变形可进行捶打或液压压平修复；出现减薄严重的进行更换。

（3）浮阀卡涩或缺失按需进行更换。

（4）回流管变形或减薄严重需进行更换。

（5）防涡流挡板出现腐蚀严重或焊缝开裂需进行修复或更换。

（6）螺栓检查：螺栓一般拆检后需保存完好，必要时进行无损检测抽查；根据使用状况及抽检情况制定更换螺栓比例，更换新螺栓需对角更换。

（7）法兰密封面损坏，一般可进行研磨修复，严重损坏时需制定相关修复方案。

（8）根据检查情况对基础进行修复。

（9）按相关防火及保温规定修复。

（10）更换不合格压力表及辅助设备。

2.4 吸收稳定系统塔

吸收稳定系统塔类设备主要有吸收塔、解析塔、再吸收塔、稳定塔等。

2.4.1 结构简图

吸收稳定系统塔结构如图 5 ~ 图 8 所示。

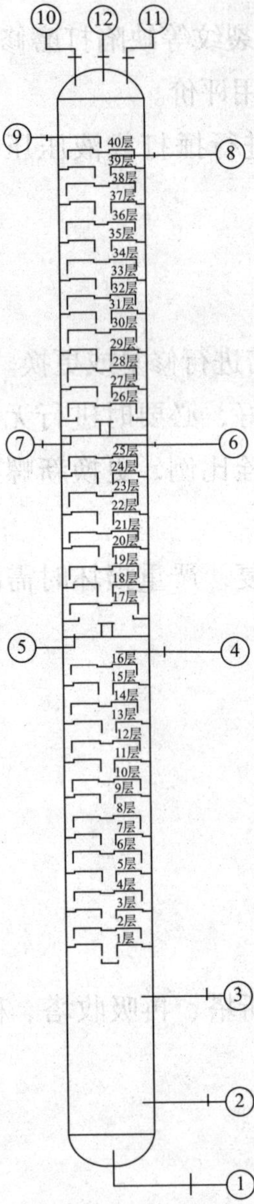

吸收塔开口说明表

序号	设备开口名称	开口位置
1	塔底抽出口	塔底部
2	吹扫蒸汽入口	塔底侧面
3	进料口	1 层塔盘下部
4	中段返回口 2	16 层塔盘上部
5	中段抽出口 2	2 段集油箱底
6	中段返回口 1	25 层塔盘上部
7	中段抽出口 1	1 段集油箱底
8	粗汽油入口	39 层塔盘上部
9	稳定汽油入口	40 层塔盘上部
10	放空口	吸收塔顶
11	安全阀口	吸收塔顶
12	油气出口	吸收塔顶

图 5　吸收塔结构简图

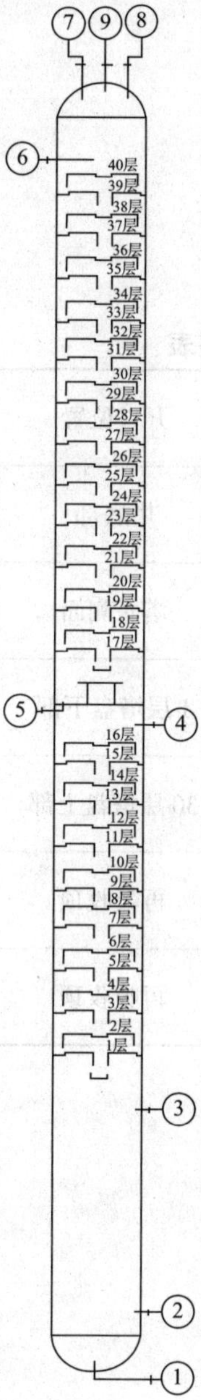

解吸塔开口说明表

序号	设备开口名称	开口位置
1	塔底抽出口	塔底部
2	吹扫蒸汽入口	塔底侧面
3	重沸器返回口	1 层塔盘下部
4	中段重沸器返回口	16 层塔盘上部
5	中段重沸器抽出口	中段集油箱底
6	汽油进料口	40 层塔盘上部
7	放空口	解析塔顶
8	安全阀口	解析塔顶
9	油气出口	解析塔顶

图 6　解吸塔结构简图

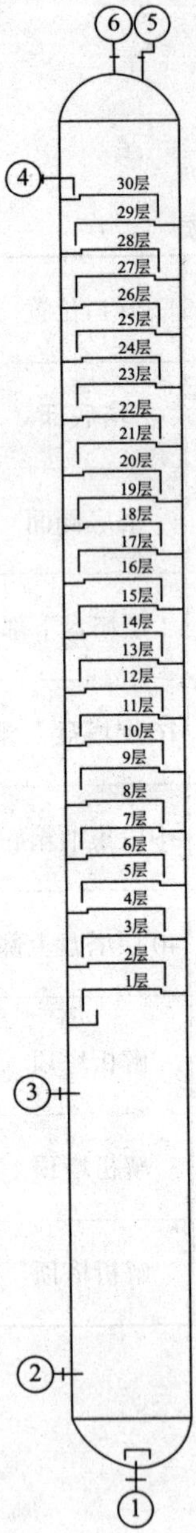

再吸收塔开口说明表

序号	设备开口名称	开口位置
1	塔底抽出口	塔底部
2	吹扫蒸汽入口	塔底侧面
3	油气进料口	1 层塔盘下部
4	柴油入口	30 层塔盘上部
5	放空口	再吸收顶
6	干气出口	再吸收顶

图 7　再吸收塔结构简图

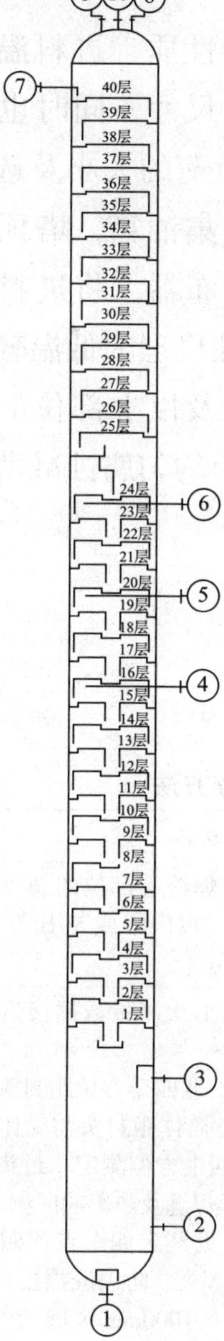

稳定塔开口说明表

序号	设备开口名称	开口位置
1	塔底抽出口	塔底部
2	吹扫蒸汽入口	塔底侧面
3	重沸器返回口	1层塔盘下部
4	进料口3	15层塔盘上部
5	进料口2	19层塔盘上部
6	进料口1	23层塔盘上部
7	回流入口	40层塔盘上部
8	放空口	稳定塔顶
9	安全阀口	稳定塔顶
10	油气出口	稳定塔顶

图8 稳定塔结构简图

2.4.2 结构特点和失效机理

吸收稳定系统塔采用板式塔盘。根据原油性质、进料温度、处理量大小和操作压力高低等因素界定塔的主体尺寸，同时也根据液相负荷的大小选定液相在塔盘流动程数，气相负荷的大小及选用塔盘性能决定塔盘开孔率，产品抽出设置抽出斗或集油箱，塔顶回流和中段回流设置回流分布器，进料段设置进料分布器，将进料中的气液相进行分离的同时减少液相携带和压降。腐蚀机理为低温轻油部位的 H_2S+H_2O 腐蚀。易腐蚀部位主要为塔顶塔盘及以上部位的塔壁、顶封头和塔内件，对于碳钢构件，腐蚀形态多为均匀腐蚀减薄，对于 06Cr13（06Cr13Al）构件为点蚀。

2.4.3 隐蔽项目检查方法

吸收稳定系统塔隐蔽项目检查方法如表 4 所示。

表 4　吸收稳定系统塔隐蔽项目检查方法

设备部位	检查项目	检查内容及标准
壳体	1. 宏观检查	1. 容器本体、对接焊缝、接管角焊缝等部位的裂纹、变形、泄漏等，焊缝表面（包括近缝区），以肉眼或 5~10 倍放大镜检查裂纹。
	2. 测厚检查	2. 测厚壁厚大于安全壁厚，且与上次测量数据接近，重点检查部位如下： ①上、下封头分别在东、南、西、北四个方位距封头与筒体环缝约 200mm 起每隔 200mm 处测定；筒体距封头与筒体或筒节间环缝约 40mm 处分东、南、西、北四个方位测定。封头至少 5 点顶部及四个方位；筒体环焊缝、T 形焊缝及热影响区测厚抽查。 ②所有接管短节距筒体约 50mm 处测定四个点，四个点沿圆周均布，以及进出口弯头、排凝管弯头、防涡流挡板。 ③根据日常操作液位波动区域上下 1000mm 区域。 ④已进行打磨处理的部位。 ⑤发现严重腐蚀部位及冲刷凹陷处。 ⑥错边及棱角度较严重的部位。 ⑦其他位置根据情况进行抽检。

续表

设备部位	检查项目	检查内容及标准
壳体	3. 无损检测	3.1 对壳体内表面纵、环焊缝、裙座与塔体环焊缝进行磁粉检测抽查。
		3.2 渗透检查裂纹情况，具体检查位置如下： ①支承梁、支承圈焊缝、吊耳焊缝、管口焊缝、顶部弯管密封槽及连接管道密封槽。 ②返修部位。 ③其他部位进行抽检检测。
		3.3 根据检测情况进行超声检测抽查。
	4. 材质检查	4. 硬度检测，检查主要受压元件材质是否劣化。主要检查部位为内外壁焊缝热影响区，其他部位进行抽检。
	5. 引压点检查	5. 引压管畅通完好，重点关注液位计管口等。
	6. 塔内各支撑焊接部位开裂、错位、磨损情况	6. 塔内各支撑部件不允开裂、错位、磨损，限位卡件固定螺母需双螺母锁紧或点焊。
	7. 压力表、仪表等辅助安全设备检查	7. 相关压力表、仪表拆检校验合格。
	8. 裙座及基础检查	8. 裙座无变形、裂纹，基础板无腐蚀；基础无裂纹破损、下沉、歪斜；地脚螺栓有无松动。
	9. 内部清洁度检查	9. 内部清洁无杂物，管线畅通无阻。
	10. 不圆度、外圆周长、不直度检查。	10. 根据现场条件及施工方案要求进行检查，详细标准可见 SHS 01007《塔类设备维护检修规程》。
	11. 防火及保温等检查	11. 防火涂料完好，无剥落及裂化；保温无破损，外保护箍圈不松弛，停工前检测外壁温度小于 50℃，对大于 50℃的部位进行修复、更换。
塔盘	1. 松动情况检查	1. 塔内构件和塔盘等必须坚固牢靠。敲击过程无松动现象。
	2. 腐蚀情况检查	2. 检查塔盘板厚度是否腐蚀减薄，重点检查进料口附近塔盘减薄情况。
	3. 塔盘变形情况	3. 检查塔盘是否有吹翻及变形现象并记录形成档案。

续表

设备部位	检查项目	检查内容及标准
塔盘	4. 检查塔内各构件表面、各出入口、降液管	4. 塔内各构件表面清洁无杂物；各出入口、降液管等无堵塞。集油箱做沉液试验。
	5. 检查浮阀开启情况	5. 浮阀应开启灵活开度一致，用手轻轻拍打无卡涩；塔盘上阀孔直径冲蚀后，深度尺测量其孔径增大值不大于 2mm。
	6. 检查受液盘、降液板等允差	6. 根据现场条件及施工方案要求进行检查，详细标准可见 SHS 01007《塔类设备维护检修规程》。
	7. 支承圈检查	7. 支承圈上表面应平整，（用水平仪测量）整个支承圈水平度允差为 3mm（$D\leqslant1600$）、5mm（D=1600~4000）、6mm（D=4000~6000）；相邻两层支承圈的间距尺寸偏差为 ±3mm，任意两层支承圈间距尺寸偏差在 20 层内为 ±10mm。
	8. 支承梁检查	8. 支承梁上表面应平直，其直线度公差为 1‰ L（L 为支承梁长度），且不大于 5mm；支承梁上表面应与支承圈上表面在同一水平面上，（用水平仪测量）水平度允差为 3 mm。
	9. 检查塔内污垢情况和塔板各部件的污垢、堵塞情况	9. 塔内污垢和塔板各部件污垢应清理干净，浮阀应活动灵活无卡涩。
附件	1. 检查塔区消防线、放空线等安全设施	1. 塔区消防线、放空线等安全设施齐全畅通，照明设施齐全完好，防雷接地完好。
	2. 检查梯子、平台、栏杆	2. 梯子、平台、栏杆完整、牢固，保温、油漆完整美观。
	3. 检查安全阀和各种指示仪表	3. 安全阀和各种指示仪表应有校验记录；压力表、温度计、液位计表面应用红线标出上、下限，附属阀门灵活好用。
	4. 检查与塔相连管线阀门	4. 与塔相连管线阀门灵活好用，法兰螺栓、垫片齐全且紧固，管线焊缝（特别是入塔壁的焊缝）渗透检测无明显缺陷。重点检查塔底管线弹簧支吊架。
密封面	1. 检查情况	1. 密封面光洁无机械损伤、径向刻痕、严重锈蚀等缺陷，必要时进行修复和无损检测。

续表

设备部位	检查项目	检查内容及标准
密封面	2. 密封面清洁度检查	2. 法兰密封面光洁无机械损伤、径向刻痕、严重锈蚀等缺陷，法兰孔及法兰清锈并吹扫干净。
	3. 安装要求	3. 高温螺栓需涂抹高温抗咬合剂，并按要求进行紧固安装。

2.4.4 处理措施

（1）裂纹处理：对于外表面深度小于 3mm 裂纹等缺陷打磨修复；超过 3mm 的组织专家评审修复方案或作合于使用评价。

（2）塔盘修复或更换：塔盘普通变形可进行捶打或液压压平修复；出现减薄严重的进行更换。

（3）浮阀卡涩或缺失按需进行更换。

（4）回流管变形或减薄严重需进行更换。

（5）防涡流挡板出现腐蚀严重或焊缝开裂需进行修复或更换。

（6）螺栓检查：螺栓一般拆检后需保存完好，必要时进行无损检测抽查；根据使用状况及抽检情况制定更换螺栓比例，更换新螺栓需对角更换。

（7）法兰密封面损坏，一般可进行研磨修复，严重损坏时需制定相关修复方案。

（8）根据检查情况对基础进行修复。

（9）按相关防火及保温规定修复。

（10）更换不合格压力表及辅助设备。

2.5 加热炉

2.5.1 结构简图

加热炉结构如图 9 所示。

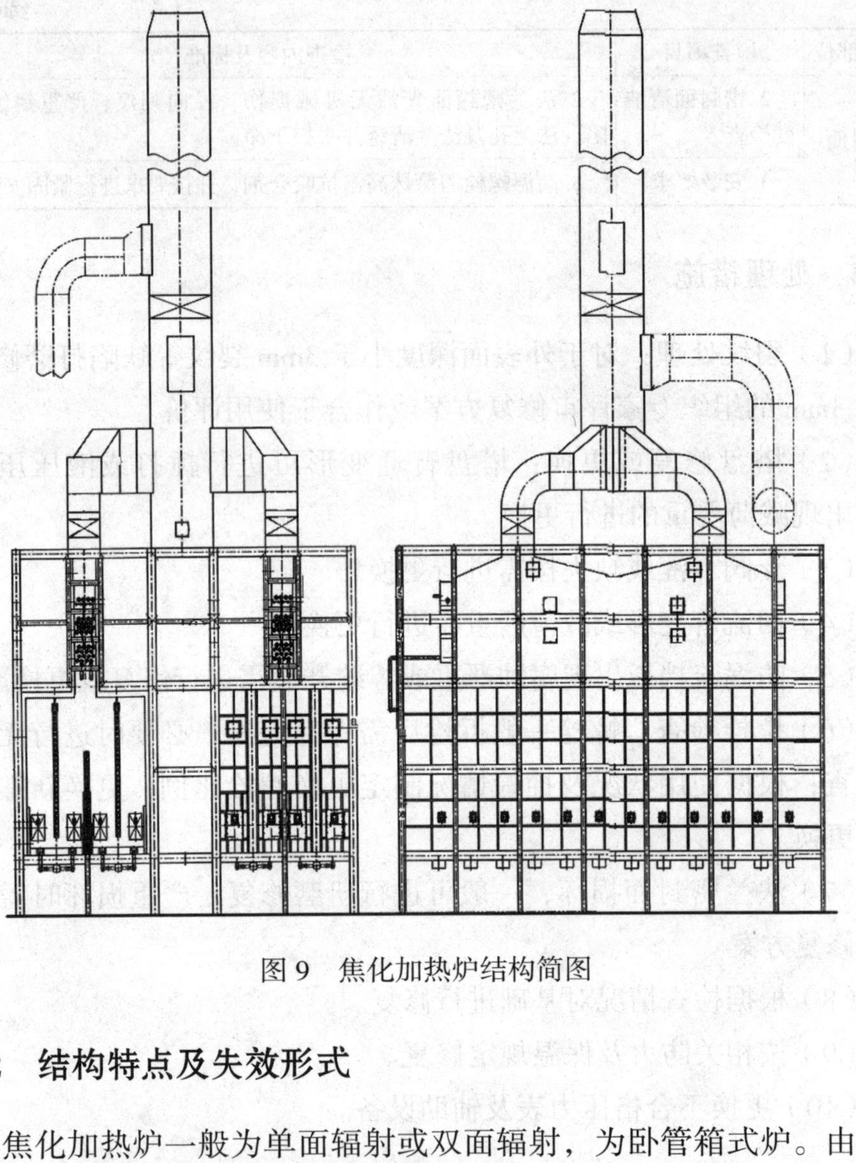

图 9　焦化加热炉结构简图

2.5.2　结构特点及失效形式

焦化加热炉一般为单面辐射或双面辐射，为卧管箱式炉。由辐射室、对流室、余热回收系统、燃烧及通风系统五部分组成。通常包括钢结构、衬里、炉管、燃烧器、门类配件等。

焦化炉辐射段炉管材质一般选用 P9（ASTM A335/A335M），易发生炉管外壁高温氧化和脱碳，内壁高温硫腐蚀和渗碳，炉管材质珠光体球化；空气预热器低温部位易发生烟气露点腐蚀。

2.5.3 隐蔽项目检查方法

加热炉隐蔽项目检查方法如表 5 所示。

表 5 加热炉隐蔽项目检查方法

设备部位	检查项目	检查内容及标准
外部	1. 防腐保温检查	1. 检查烟风道和附属管线的保温、油漆及腐蚀、损坏情况。
炉管	1. 宏观检查	1. 炉管外观检查无弯曲变形、鼓包、氧化爆皮、裂纹、腐蚀等；炉管穿墙部分有无明显位移、倾斜。
	2. 炉管系统检测	2.1 测厚，重点检查部位如下： ①辐射段炉管根据炉管运行年限及实际使用情况，重点对弯头部位进行测厚，建议检测比例 100%。 ②对流段拆除弯头箱，对对流炉管弯头及直管段进行测厚，建议测厚比例 30%。检测位置为弯头及两侧直管段，每处间隔 90° 以上至少应有 3 个测厚点。
		2.2 蠕变检查：每路炉管外径蠕胀抽查 1~2 处，重点检查辐射管近火焰部位，外径蠕胀增大 5% 时需进行更换。
		2.3 硬度检测，重点检查及抽检部位如下： ①检测位置在火焰高度 2/3 的迎火面、介质出口、易结焦部位，根据日常巡检，有过烧部位要增加检测比例。 ②每路炉管硬度抽查 1~2 处、总计不少于 10 处（重点检查底部焊缝及热影响区、母材等）。
		2.4 覆膜金相：结合炉管宏观、蠕变、硬度、测厚检查结果，重点检查每路炉管迎火面最高温度部位 1 处。
		2.5 渗透检查。炉管支吊架、热电偶贴焊部位处进行抽检。
		2.6 射线检测：建议数量为辐射段不低于焊缝数的 10% 且不少于 20 道焊缝，对流段不低于焊缝数的 5%。抽查不合格时，应以双倍数量加大检测比例。检测位置建议为炉管近火焰位置焊缝。
	3. 炉管内外表面检查	3.1 清焦后，炉管内壁用光照或内窥镜检查，应无残焦，呈金属本色，无可见的损伤及裂纹、坑疤。
		3.2 清除灰垢后，外观检查炉管表面，应无积灰、结垢现象。

续表

设备部位	检查项目	检查内容及标准
炉管	4. 管板、吊挂检查	4. 管板无变形、断裂。
	5. 钉头管或翅片管	5. 钉头管或翅片管检查无积灰，如积灰严重需进行化学清洗或干冰清洗，管口与弯头箱密封良好。
衬里	1. 停工前炉外壁测温数据作为衬里检修的依据	1. 炉外壁温度不大于 80℃为正常，大于 80℃需进行修复；在炉壁上进行标记，以便检修。
	2. 衬里检查	2.1 对于浇注料衬里，衬里表面应平整、无裂缝，发现有松动、开裂、粉化、鼓包等现象时，应按照 SH/T 3115 的规定进行修复。
		2.2 对于陶瓷纤维衬里，衬里表面应平整、紧实、严密，发现有损坏、拉裂、粉化和明显缝隙等现象时，应按照 SH/T 3128 的规定进行修复。
		2.3 检查辐射室侧墙拉砖、炉底耐火砖有无开裂、破损、松动、脱落等现象。
		2.4 在加热炉停工前发现壁板超温的，同样按照标准规定的修复方法进行检修。
	3. 检查衬里损坏部位内部检查	3. 衬里损坏部位，对锚固钉、端板、钢丝网、炉内壁壁板进行检查，无氧化、变形、腐蚀情况。
空气预热器	1. 烟气漏风点检查	1. 停工前应对空气预热器各模块间的烟气氧含量进行检测，判断各模块漏风情况。
	2. 检查空气预热器热管	2. 热管无积灰结垢、腐蚀穿孔；热管返厂进行逐根检测、工质装填、内外表面清洗钝化，并根据情况进行更换。
	3. 检查管板式、板式空气预热器	3. 预热器无积灰结垢、腐蚀穿孔；结垢情况严重时可考虑进行高压水清洗或化学清洗，清洗无明显效果时可考虑对预热器部分或整体进行更换。
	4. 检查空预器漏风情况	4. 清洗后的预热器，可利用透光检查，检查壁板各连接处漏风点。
	5. 检查烟道、风道	5. 烟道、风道无腐蚀，衬里或外保温完好。

续表

设备部位	检查项目	检查内容及标准
燃烧器	1. 检查燃烧器气枪状况	1. 气枪喷头无结焦和烧损，如需拆除喷头，拆除前应对喷头角度、高度进行标记。
	2. 检查筒体	2. 燃烧器外部筒体无变形，内保温完好。
	3. 检查调风门	3. 风门调节机构应牢固可靠，开闭灵活。
	4. 检查火盆砖和衬里	4. 火盆砖无破损，各火盆砖安装间隙均匀。
	5. 检查金属软管	5. 金属软管压力试验合格，外观完好。
吹灰器	1. 检查吹灰器各部件	1. 支架必须焊接牢固，传动系统应运行正常，吹灰器转动灵活，伸缩长度符合设计要求。
	2. 检查各端子与电线、电缆连接	2. 调试程控器应工作正常，满足定时吹灰的需要。控制电缆和各个接点、电气元件应无受潮、锈蚀、接触不良、短路等异常情况。
	3. 检查各种插头	3. 各种插头接触完好。
	4. 检查各种电线、电缆的外层绝缘胶皮	4. 各种电线、电缆的外层绝缘胶皮完好，无破损等现象。
烟道挡板	1. 检查烟道挡板	1. 辐射室、对流室、烟囱、空气预热器等部位的挡板无腐蚀、变形、开裂、卡涩等情况；调节挡板进行 0、25%、50%、75%、100% 挡位调节，现场对挡板蝶阀打开关闭情况进行确认；密封挡板进行全开全关调节，检查动作执行时间。执行机构、连杆、外轴承停工后开关调试，零部件等视检查情况更换。
人孔门、观察孔和防爆门	1. 检查漏风及开关情况	1. 检查无明显漏风，变形、卡涩现象，门类与内衬连接处密封良好。

2.5.4 处理措施

2.5.4.1 炉管

射线、超声检测等发现的焊缝超标缺陷，根据检测结果，进行返修并检测合格。

出现下列情况应考虑更换：

（1）鼓包、裂纹；

（2）卧置炉管相邻两支架间的弯曲度大于炉管外径的2倍（经金相检查及测厚，不影响安全生产，认为可以继续使用的，可延期更换）；

（3）炉管由于严重腐蚀、爆皮，管壁厚度小于计算允许值，计算标准参照 SH 3037；

（4）外径比原来外径大 5%；

（5）金相组织有晶界化、严重球化、脱碳及晶界裂纹等缺陷。

2.5.4.2 炉衬里

对于炉体外壁温度经红外检测分析，在环境温度、无风条件下，超过 80℃（炉底 90℃）的应安排炉衬更换。停炉后宏观检查各部位炉衬情况，若有开裂、脱落、粉化等情况进行修补或更换。对于不定形炉衬结构，使用寿命在两个周期以上的，若计划不安排更换，则在停炉时应安排局部开挖，检查衬里、锚固钉、壁板等情况。耐火砖、衬里损坏部分按 SH 3534《石油化工筑炉工程施工质量验收规范》进行更换或修补。

2.5.4.3 燃烧器

燃烧器喷头出现孔径变化、变形等缺陷，进行更换。火盆砖视损坏情况，进行局部修补或更换。

2.5.4.4 烟、风道及余热回收系统

烟、风道挡板及其执行机构若出现卡涩、抱轴等问题，建议对挡板轴承、填料等进行更换，清除卡涩异物；阀板松动，对阀门与阀轴紧固螺栓进行紧固。

鼓（引）风机蝶阀百叶窗式叶片出现卡涩，应清除叶片与内壁的垢物。

余热回收系统管束建议每周期进行工质更换；表面积灰、积垢，根据检查情况进行清扫或化学清洗。

人孔门、防爆门、快开风门及炉管进、出口以及烟风道等处的密封有问题予以换垫、紧固等处理。

2.6 换热器

焦化装置常用换热器为管壳式换热器，如固定管板式、浮头式、U 形管式和水浸式等。

2.6.1 结构简图及特点

2.6.1.1 固定管板式换热器

固定管板式换热器结构如图 10 所示，其两端的管板与壳体焊成一体。这种换热器结构坚固、处理量大。由于管板相对于壳体不能有位移，所以这类换热器只能用于管壳侧介质温差较小的情况，当管子与

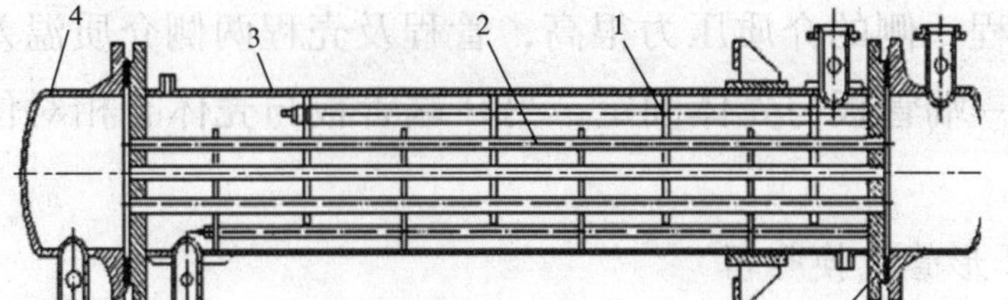

图 10 固定管板式换热器结构简图

1—折流板；2—管束；3—壳体；4—封头；5—接管；6—管板

壳体温度相差较大时，由于膨胀程度不同，会产生较大的热应力，并且不易清洗，因此适用于温差较小、不易结垢的流体换热。

2.6.1.2　浮头式换热器

浮头式管壳换热器结构如图 11 所示，其两端分别设计固定管板和活动管板，浮头可以沿管长方向在壳体内自由移动，不会由于两流体温差太大而产生温差应力，管束还可以拉出来清洗或更换，适用各种温差类别流体的换热，是目前炼厂应用最多的一类换热器。

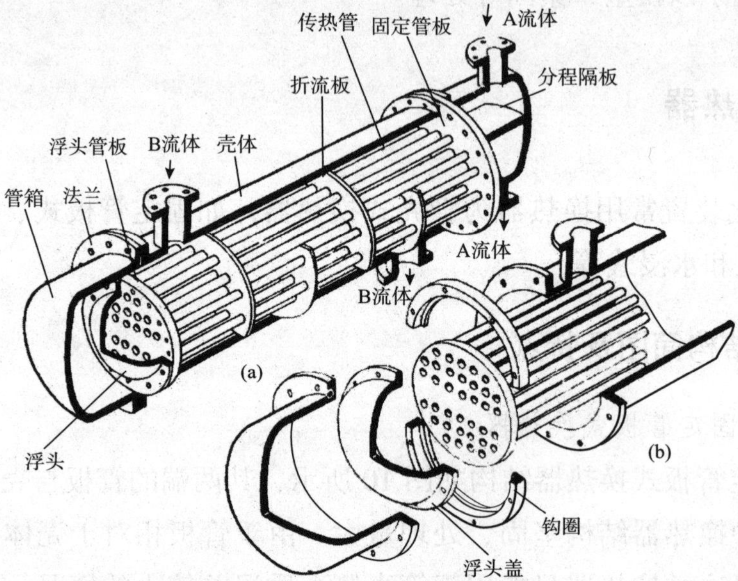

图 11　浮头式换热器结构简图

当壳程一侧的介质压力很高，管程及壳程两侧介质温差较大时，通常采用一端管板与壳体固定，另一端管板与壳体有相对位移的浮头式换热器。

2.6.1.3　U 形管式换热器

U 形管式换热器结构如图 12 所示，其每一束管子都被制成不同曲率半径的 U 形，其两端都固定在同一块管板上，并用隔板将封头隔成多室，可适用于温差较大的两流体。该类换热器构造简单，生产成本低，但是 U 形部分管子清洗困难，U 形管排列数目少，传热面积小，适用于温差大、不易结垢的流体。

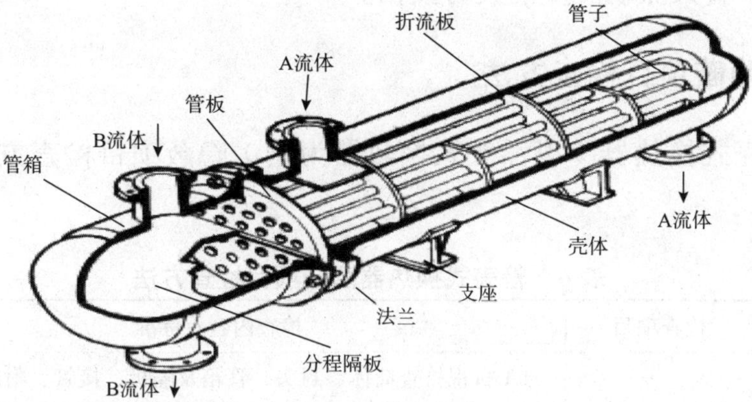

图 12　U 形管式换热器结构简图

2.6.2　换热器失效形式

造成换热设备失效的主要原因有腐蚀、热应力及机械损伤。

2.6.2.1　腐蚀

换热设备管束受到的腐蚀取决于管束内外侧介质的化学组分、浓度、压力、流速，以及管束本身的材质性能。腐蚀主要有以下表现形式：

（1）介质引起的均匀腐蚀和局部腐蚀；

（2）应力腐蚀开裂，如奥氏体不锈钢管的应力腐蚀开裂；

（3）水冷器的水侧腐蚀，以垢下腐蚀为主。还有一些其他形式的腐蚀，如管子与管板间的缝隙腐蚀，管板与管束材质不同引起的电偶腐蚀等。

2.6.2.2　热应力及机械损伤

换热设备会在使用中受到各种不同类型的热应力及机械损伤，主要有以下几种情况：

（1）换热管与管板因温差过大引起的焊缝开裂、胀接松脱；

（2）化学清洗及机械清理引起的损伤；

（3）管束振动产生的疲劳损伤。

2.6.3　隐蔽项目检查方法

管壳式换热器（以浮头式换热器为例）隐蔽项目检查方法如表 6 所示。

表 6　管壳式换热器隐蔽项目检查方法

<table>
<tr><th>设备部位</th><th>检查项目</th><th>检查内容及标准</th></tr>
<tr><td rowspan="11">壳体</td><td rowspan="4">1. 外观检查</td><td>1.1 目视检查筒体、封头、管箱及隔板、接管、附属仪表，无变形、泄漏、腐蚀、减薄、开裂等；目视或用锤击检查接管及角焊缝，无腐蚀脱落、无裂纹，坚实牢固。</td></tr>
<tr><td>1.2 目视检查筒体内表面，无严重腐蚀的凹坑、沟槽等；检查内部焊缝，无腐蚀开裂。</td></tr>
<tr><td>1.3 目视检查管箱隔板腐蚀减薄情况，从腐蚀速率判断剩余厚度是否满足下一周期使用要求。</td></tr>
<tr><td>1.4 用铁丝等物插入引压管，畅通完好。</td></tr>
<tr><td rowspan="3">2. 测厚检查</td><td>2.1 重点检查部位为两端封头、物料进出口、流量转向、界面突变处、接管部位。</td></tr>
<tr><td>2.2 宏观检查发现的减薄部分。</td></tr>
<tr><td>2.3 测厚点数根据实际情况确定。</td></tr>
<tr><td rowspan="3">3. 无损检测</td><td>3.1 从内表面对纵、环焊缝进行磁粉检测抽查，根据需要进行超声检测抽查。</td></tr>
<tr><td>3.2 渗透检查裂纹情况，重点检查位置如下：
①接管角焊缝、换热管与管板角焊缝。
②返修部位。
③其他部位进行抽检检测，如吊耳焊缝。</td></tr>
<tr><td>3.3 根据需要对换热管与管板角焊缝射线检测抽查。</td></tr>
<tr><td>4. 器内各支撑焊接部位开裂、错位、磨损情况</td><td>4. 器内各支撑部件无开裂、错位、磨损，限位卡件固定螺母须双螺母锁紧或点焊。</td></tr>
</table>

续表

设备部位	检查项目	检查内容及标准
壳体	5. 压力表、仪表等辅助安全设备检查	5. 相关压力表、仪表拆检校验合格。
	6. 鞍座及基础检查	6. 鞍座无变形、裂纹，基础板无腐蚀；基础无裂纹破损、下沉、歪斜；地脚螺栓无松动。
管束	1. 管束堵塞及结垢情况	1. 目测、高压水清洗，应无堵塞及结垢。
	2. 密封面	2. 目测有无影响密封的缺陷，如凸起、凹坑、划痕，密封面应无径向划痕或损伤。
	3. 管束防腐	3. 对于涂料防腐的管束，目测及测量检查脱落情况，判断是否可以使用至装置运行周期末。
	4. 管子	4. 对管束目测检查，根据情况对部分重要换热器管子进行内窥镜检查、测厚、涡流检测、管头射线探伤等抽检，检查管子腐蚀、变形等损坏情况
	5. 管板及其他管束构件	5. 目测及测量检查管板、折流板、防冲挡板等腐蚀及损坏情况。
小浮头及螺栓	1. 本体及密封面	1. 目测及测量检查浮头盖完好情况，目测密封面有无影响密封的缺陷，如凸起、凹坑、划痕，密封面应无径向划痕或损伤。
	2. 螺栓	2. 目测、测量检查螺栓的腐蚀、螺纹损坏情况。小浮头螺栓建议每周期大修全部更换。
管箱	1. 本体及密封面	1. 目测及测量检查浮头盖完好情况，目测密封面有无影响密封的缺陷，如凸起、凹坑、划痕，密封面应无径向划痕或损伤。
外头盖	1. 本体及密封面	1. 目测及测量检查外头盖完好情况，目测密封面有无影响密封的缺陷，如凸起、凹坑、划痕，密封面应无径向划痕或损伤。

2.6.4　处理措施及更换周期

（1）采用高压水清洗，特殊情况下配合采用机械疏通或化学清洗。

（2）换热器管腐蚀泄漏：管子有破裂或腐蚀穿孔，可用堵头将此管堵住并加焊。同一管程内，堵死管子不应超过管子总数的 10%，如工艺要求允许，可以适当增加，否则应更换管束、材质升级及采取其他防腐措施。如管束管子与管板处有渗漏，可进行补胀或焊接，如采用补胀，补胀次数最多不超过三次，否则需换管子。将各缺陷处理后，重新升压，直到合格为止。

（3）换热器防腐层检查：根据管束使用周期，综合确定重新防腐或进行材质升级方案。

（4）浮头螺栓更换：视情况确定螺栓更换比例，一般建议全部更换。

（5）水冷器防腐涂层及牺牲阳极：管束及管板涂层失效或脱落较多时需要重新防腐，出现过泄漏的水冷器需重新做冷涂处理；根据使用周期，如估算无法使用至周期末应更新牺牲阳极块。

（6）压力容器检验缺陷修复：壳体及焊缝修补等压力容器缺陷修复按 SHS 01004《压力容器维护检修规程》、TSG 21《固定式压力容器安全技术监察规程》的要求执行。

2.7 普通容器

2.7.1 结构简图

普通容器结构如图 13 所示。

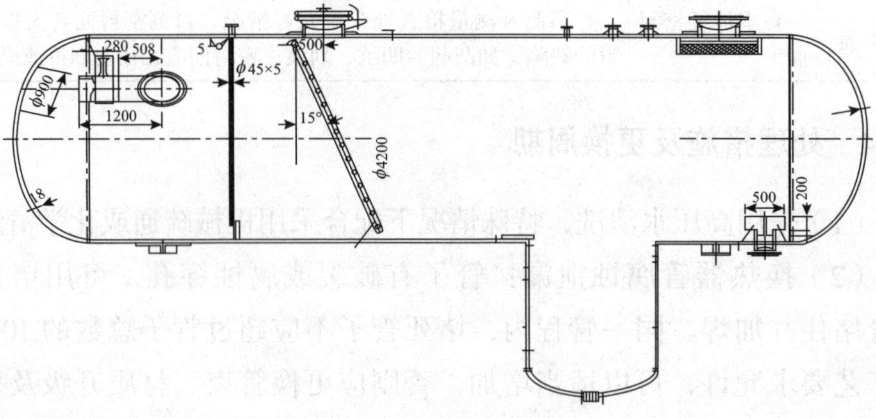

图 13 普通容器结构简图

2.7.2 失效机理

普通容器的失效机理以湿硫化氢的腐蚀为主，同时还有均匀腐蚀、冲刷腐蚀、垢下腐蚀、硫化物应力开裂（SSC）等。

2.7.3 隐蔽项目检查方法

普通容器隐蔽项目检查方法如表7所示。

表7 普通容器隐蔽项目检查方法

设备部位	检查项目	检查内容及标准
壳体	1. 宏观检查	1. 容器本体、对接焊缝、接管角焊缝等部位的裂纹、变形、泄漏等，焊缝表面（包括近缝区），以肉眼或5~10倍放大镜检查裂纹；内部加热盘管检查，内防腐检查。
	2. 测厚检查	2. 测厚壁厚大于安全壁厚，且与上次测量数据接近，重点检查部位如下： ①上、下封头分别在东、南、西、北四个方位距封头与筒体环缝约200mm起每隔200mm处测定；筒体距封头与筒体或筒节间环缝约40mm处分东、南、西、北四个方位测定。 ②接管短节分别在东、南、西、北四个方位距筒体约50mm处测定，以及接管弯头。 ③日常操作液位波动区域。 ④宏观检验查出的缺陷已进行打磨处。 ⑤发现严重腐蚀部位及冲刷凹陷处。
	3. 无损检测	3.1 超声波检查，检查是否存在内衬层剥离裂纹现象，重点检查液位及界位上部位（无内衬一般需要检查）。对接焊缝可进行20%超声抽查。
		3.2 渗透检查裂纹情况，重点检查位置如下： ①吊耳焊缝、接管焊缝出口管弯头、主焊缝、裙座环焊缝、支座焊缝。 ②返修部位。 ③其他部位进行抽检检测。
	4. 材质检查	4. 硬度检测，对于容器最后一道筒体组对焊缝须选取四个方向分别对焊缝及两侧的母材、热影响区（共5个部位）进行硬度检测。其他需要进行材料检验的：选择温度、应力最高的2个部位进行硬度测定，硬度异常时需进行金相组织分析抽查。

续表

设备部位	检查项目	检查内容及标准
壳体	5. 引压点检查	5. 引压管畅通完好，重点关注液位计管口等。
	6. 容器内构件检查	6. 内构件不允许开裂、错位、磨损。加热盘管要进行试压。
	7. 安全附件、测量仪表等辅助安全设备检查	7. 相关安全附件、测量仪表拆检校验合格。
	8. 支座及基础检查	8. 支座无变形、裂纹，基础板无腐蚀；基础无裂纹破损、下沉、歪斜；地脚螺栓无松动。
	9. 防火及保温等检查	9. 防火涂料完好，无剥落及裂化；保温无破损，外保护箍圈不松弛。
除沫器（部分有）	1. 松动情况检查	1. 检查大梁、压条、压板、支耳、支承板、支承环、封板、挡圈等连接螺栓有无松动。重点检查除沫网的整体固定情况，压板紧密压紧筛网。
	2. 连接间隙检查	2. 筛网无变形、无减薄变扁，厚度满足图纸要求；与容器壳体径向间隙无间隙，可用塞尺检查；网与网之间密封紧凑，无明显间隙；外缘与器闭密封可靠。
	3. 清洁度检查	3. 结垢物清洗干净，如有必要进行高压水清洗。
	4. 支撑圈检查	4. 支撑圈无裂纹、变形等情况，如有必要可进行渗透检测。
密封面	1. 检验情况	1. 密封面检查无裂纹，必要时进行渗透检测。
	2. 密封面清洁度检查	2. 法兰密封面光洁，无机械损伤、径向刻痕、严重锈蚀等缺陷，法兰孔及法兰清锈并吹扫干净。
	3. 安装要求	3. 高温螺栓需涂抹高温抗咬合剂，并按要求进行紧固安装。

2.7.4 处理措施及更换周期

检查项目一般以压力容器检验项目为主，检修中注意做好罐内清理、除沫器的检查更换、防冲板的检查修补、内部斜梯等构件的宏观检查、各接管特别是液位计等小的引出管的疏通等。

（1）裂纹处理：对于外表面深度小于 3mm 裂纹等缺陷打磨修复；超过 3mm 的组织专家评审修复方案或作合于使用评价。

（2）螺栓检查：①器内螺栓一般拆检后进行更换，如需重复使用需要进行无损检测后方可使用；②外部螺栓一般拆检后需保存完好，必要时进行无损检测抽查；根据使用状况及抽检情况制定更换螺栓比例，更换新螺栓需对角更换。

（3）除沫网出现变形后，间隙无法调整时需进行整体更换。

（4）防冲板补强圈等出现腐蚀超标或焊缝开裂需进行修复。

（5）非与壳体焊接的内部管道出现腐蚀或变形，可选取相同材质的管道进行更换。

（6）密封面损坏，一般可进行研磨修复，严重损坏时需制定相关修复方案。

（7）辅助设备不合格需进行更换。

（8）基础问题按规定更换螺栓或进行基础等修复。

（9）防火防腐问题按相关防火及防腐规定修复。

2.8 富气压缩机组

2.8.1 汽轮机

2.8.1.1 结构简图

汽轮机结构如图 14 所示。

图 14　汽轮机结构简图

2.8.1.2　隐蔽项目检查方法（仅供参考，根据各企业不同类型设备确定标准及参数）

汽轮机隐蔽项目检查方法如表 8 所示。

表 8　汽轮机隐蔽项目检查方法

<table>
<tr><th>设备部位</th><th>检查项目</th><th>检查内容及标准</th></tr>
<tr><td rowspan="7">转子</td><td>1. 外观检查</td><td>1. 轮毂、叶片、围带、铆钉应无松动及裂纹。叶片、叶根应进行无损检测，并记录叶片的冲蚀情况。如转子跳动过大，更换转子部件。运行时振动过大，经诊断为转子动不平衡所致，应做动平衡校验。</td></tr>
<tr><td rowspan="5">2. 质量要求</td><td>2.1 转子径向圆跳动公差值见表 1。
表 1　转子径向圆跳动公差值　　mm
<table><tr><th>联轴器</th><th>轴颈</th><th>轴封</th><th>叶轮外缘</th></tr><tr><td>0.03</td><td>0.02</td><td>0.02</td><td>0.05</td></tr></table></td></tr>
<tr><td>2.2 转子端面圆跳动公差值见表 2。
表 2　转子端面圆跳动公差值　　mm
<table><tr><th>止推盘</th><th>叶轮外缘</th></tr><tr><td>0.02</td><td>0.2</td></tr></table></td></tr>
<tr><td>2.3 转子表面粗糙度见表 3。
表 3　转子表面粗糙度　　mm
<table><tr><th>转速</th><th>主轴颈</th><th>联轴器轴颈</th><th>轴封</th></tr><tr><td><4000r/min</td><td>$R_a1.6$</td><td>$R_a1.6$</td><td>$R_a3.2$</td></tr><tr><td>>4000r/min</td><td>$R_a0.8$</td><td>$R_a0.8$</td><td>$R_a1.6$</td></tr></table></td></tr>
<tr><td>2.4 主轴颈圆柱度公差值为 0.01mm，最大值不超过 0.02mm。</td></tr>
<tr><td>2.5 转子直线度公差值：额定转速在 4000r/min 以下为 0.04mm/m，在 4000r/min 以上为 0.02mm/m。</td></tr>
<tr><td>3. 动平衡</td><td>3. 转子动平衡等级最低为 G2.5。</td></tr>
<tr><td rowspan="2">轴承</td><td rowspan="2">1. 外观检查</td><td>1.1 轴承合金与轴承衬应结合牢固，不得有裂纹、砂眼、孔洞、剥离、夹渣等缺陷，工作表面应光滑，无划痕及硬点，粗糙度为 $R_a1.6$。</td></tr>
<tr><td>1.2 下轴承衬背与轴承座结合面应光滑、接触均匀，接触面积应在 75% 以上。</td></tr>
</table>

续表

<table>
<tr><th>设备部位</th><th>检查项目</th><th>检查内容及标准</th></tr>
<tr><td rowspan="4">轴承</td><td rowspan="2">1. 外观检查</td><td>1.3 轴承衬背与压盖不许加垫片，其压盖对轴承衬背的过盈量：圆柱形为 0.00~0.02 ㎜。</td></tr>
<tr><td>1.4 轴颈与轴承接触角：单油楔轴承 60° ~ 90°，双油楔轴承 30° ~ 60°，接触点每平方厘米不少于 2 点。</td></tr>
<tr><td rowspan="2">2. 间隙检查</td><td>2.1 轴承与轴的配合间隙见表 4。
表 4　轴承与轴的配合间隙　mm
<table>
<tr><th>轴承型式</th><th>顶间隙</th></tr>
<tr><td>径向轴承</td><td>0.188~0.238</td></tr>
<tr><td>推力轴承</td><td>0.30~0.38</td></tr>
</table>
注：D– 轴颈直径，mm。</td></tr>
<tr><td>2.2 轴承油封径向间隙见表 5。
表 5　轴承油封径向间隙　mm
<table>
<tr><th>部位</th><th>轴承油封</th></tr>
<tr><td>上部</td><td>0.05~0.12</td></tr>
<tr><td>下部</td><td>0.05~0.12</td></tr>
</table></td></tr>
<tr><td rowspan="2">联轴器</td><td>1. 外观检查</td><td>1. 膜片联轴器应无裂纹、缺损、变形、非均匀磨损等缺陷，联轴器组装时应按照各结合部位标记安装，联轴器的连接螺栓应无咬扣、变形、断裂等损伤，螺栓与孔的配合间隙不大于 0.04mm，应做 100% 渗透检测。</td></tr>
<tr><td>2. 对中检查</td><td>2. 对中允许偏差见表 6。
表 6　对中允许偏差　mm
<table>
<tr><th>联轴器形式</th><th>径向中心允差</th><th>轴向端面允差</th></tr>
<tr><td>刚性</td><td>A ± 0.01</td><td>0.02</td></tr>
<tr><td>齿式</td><td>A ± 0.02</td><td>0.04</td></tr>
<tr><td>膜片式</td><td>A ± 0.03</td><td>0.06</td></tr>
</table></td></tr>
<tr><td>气缸部分</td><td>1. 质量要求</td><td>1. 气缸结合面应光滑，结合面的间隙应小于 0.05mm。缸体水平度应符合技术要求，一般不大于 0.05mm/m。汽缸结合面应使用合格的高温密封剂。清理、检查汽轮机气缸滑销（猫抓横销、纵销和立销），间隙符合要求，无异物卡涩。</td></tr>
</table>

续表

设备部位	检查项目	检查内容及标准
主汽阀、调节汽阀	1. 解体检查	1. 主汽阀前滤网应完整无垢，无损伤、堵塞现象。主汽阀、调节阀阀杆直线度公差值为 0.06mm，粗糙度为 R_a1.6，阀杆与衬套的直径间隙为阀杆直径的 0.6%~1.0%。主汽阀、调节汽阀的阀芯应无锈蚀及斑点，与汽座密封良好，起落灵活。阀芯与阀座接触时，阀杆还应有一定的富余行程，根据检测情况进行更换。填料建议每周期大修进行更换。
调速系统	1. 质量要求	1. 检查调节汽门关闭后，调速器应保持不小于 20% 行程的富余度。各类调速器的检修标准参照制造厂的规定。调速器在机组大修时应进行调校检查和清理。调速器检查，如有问题返厂维修或更换。

2.8.2 离心式压缩机

2.8.2.1 结构简图

离心式压缩机结构简图如图 15 所示。

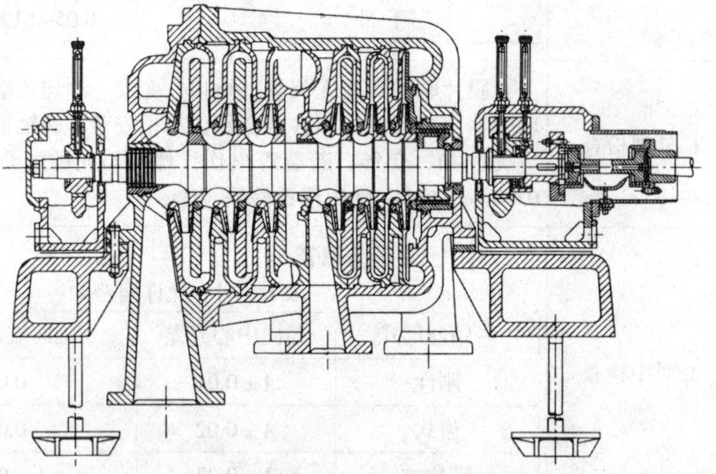

图 15 离心式压缩机结构简图

2.8.2.2 结构特点及失效机理

离心式压缩机主要由转子和定子两部分组成：转子包括叶轮和轴，叶轮上有叶片、平衡盘和一部分轴封；定子的主体是气缸，还有扩压器、弯道、回流器、进气管、排气管等装置。离心式压缩机的工作原理是：当叶轮高速旋转时，气体随着旋转，在离心力作用下，气体被甩到后面的扩压器中去，而在叶轮处形成真空地带，这时外界的新鲜气体进入叶轮。叶轮不断旋转，气体不断地吸入并甩出，从而保持了气体的连续流动。与往复式压缩机比较，离心式压缩机具有下述优点：结构紧凑，尺寸小，重量轻；排气连续、均匀，不需要中间罐等装置；振动小，易损件少，不需要庞大而笨重的基础件；除轴承外，机器内部不需润滑，省油，且不污染被压缩的气体；转速高；维修量小，调节方便。

2.8.2.3　隐蔽项目检查方法

离心式压缩机隐蔽项目检查方法如表 9 所示。

表 9　离心式压缩机隐蔽项目检查方法

<table>
<tr><th>设备部位</th><th>检查项目</th><th>检查内容及标准</th></tr>
<tr><td>地脚螺栓</td><td>1. 地脚螺栓紧固情况</td><td>1. 检查底座地脚螺栓，应无松动。</td></tr>
<tr><td rowspan="3">机壳</td><td rowspan="3">1. 外观检查</td><td>1.1 机壳应无裂纹、气孔，壳内清洁，各进、排气孔、排凝孔畅通。机壳水平剖分面应平整无伤痕，自由间隙不大于 0.05mm。</td></tr>
<tr><td>1.2 导向键及膨胀螺栓其间隙要求值应符合要求。</td></tr>
<tr><td>1.3 水平度。壳体水平度剖分面纵向水平度允许偏差为 0.05mm/m，横向允许偏差为 0.10mm/m。</td></tr>
<tr><td rowspan="3">转子</td><td>1. 外观检查</td><td>1. 转子表面应光洁、无裂纹，转子上零件无松动，叶轮应无裂纹及腐蚀等缺陷，流道内无异物。</td></tr>
<tr><td>2. 轴颈圆度、圆柱度</td><td>2. 轴颈圆度、圆柱度允许偏差为 0.01mm。</td></tr>
<tr><td>3. 质量要求</td><td>3. 圆跳动及全跳动允许值见表 1。
表 1　圆跳动及全跳动允许值　　mm
<table>
<tr><td>部位</td><td>主轴颈</td><td>浮环套</td><td>轴封</td><td>叶轮气封</td><td>叶轮外圆</td><td>隔板气封</td></tr>
<tr><td>允许值</td><td>≤0.02</td><td>≤0.02</td><td>≤0.02</td><td>≤0.06</td><td>≤0.20</td><td>≤0.06</td></tr>
</table>
<table>
<tr><td>部位</td><td>联轴器</td><td>叶轮入口</td><td>叶轮外缘</td><td>止推盘</td><td>联轴器</td></tr>
<tr><td>允许值</td><td>≤0.02</td><td>≤0.10</td><td>0.02~0.40</td><td>≤0.20</td><td>≤0.20</td></tr>
</table></td></tr>
</table>

续表

设备部位	检查项目	检查内容及标准
转子	4. 动平衡	4. 转子动平衡的精度按制造厂规定执行，若无规定，其精度等级应不低于 G2.5。
轴颈、止推盘	1. 质量要求	1.1 轴颈划痕、拉毛或腐蚀应进行修复。
		1.2 检查止推盘端面应无拉毛、腐蚀、偏磨等缺陷。
轴承箱	1. 质量要求	1.1 配合表面：轴承箱水平剖分面应平整无伤痕，自由状态下间隙不大于 0.05mm，检查任何一处配合面，塞尺塞入深度不得大于 20mm。
		1.2 油孔、油道：各油孔、油道应畅通，连接法兰面应无径向划伤。
		1.3 内表面涂料应无缺损、起皮。
径向可倾轴承	1. 外观检查	1. 轴承衬应无气孔、夹渣、裂纹、重皮、伤痕等缺陷
	2. 质量要求	2.1 轴承水平剖分面自由间隙不大于 0.05mm。
		2.2 轴承衬脱壳检查：将轴承衬浸入煤油 30min，擦干后涂上白粉，检查合金层应无脱壳现象。
		2.3 轴承壳背与轴承座孔接触面积均匀，不小于总面积的 75%。
		2.4 轴承衬与轴颈接触面积：下瓦与轴颈要求接触均匀，接触角为 60°~90°，接触点不少于 2~3 点 /cm^2，接触部分与不接触部分不允许有明显的分界线。
		2.5 轴承顶间隙、挡油环间隙：ϕ100 轴承顶间隙为 0.13~0.18mm，挡油环间隙为 0.04~0.05mm。各型号转子的径向轴承直径间隙值可按轴径值的 1.3‰~1.5‰来控制。
		2.6 轴承壳背过盈量为 0.01~0.03mm。
		2.7 瓦块厚度及瓦块摆动检查：轴承衬严禁用普通砂纸打磨或刮研，同组瓦块中各块厚度相差不大于 0.02mm，组装后，每块瓦应能自由摆动，无卡阻现象。
止推轴承	1. 外观检查	1. 轴承衬应无气孔、夹渣、裂纹、重皮，无伤痕等缺陷。
	2. 质量要求	2.1 轴承衬脱壳检查：将轴承衬浸入煤油 30min，擦干后涂上白粉，检查合金层应无脱壳现象。
		2.2 瓦块与止推盘接触面积：接触面积应达 80% 以上，接触点不少于 2~3 点 /cm^2，组装后瓦块应摆动灵活。
		2.3 止推轴承间隙：止推间隙应为 0.25~0.35mm。
		2.4 瓦块厚度及瓦块摆动检查：轴承衬严禁用普通砂纸打磨或刮研，同组瓦块中各块厚度相差不大于 0.02mm，组装后，每块瓦应能自由摆动，无卡阻现象。

续表

<table>
<tr><th>设备部位</th><th>检查项目</th><th>检查内容及标准</th></tr>
<tr><td rowspan="3">油封</td><td>1. 外观检查</td><td>1. 各油封应镶嵌牢固，密封齿无松动、弯曲、卷边、毛刺、断裂及机械损伤等缺陷，回油孔畅通，齿尖厚度不大于0.20mm。</td></tr>
<tr><td rowspan="2">2. 间隙检查</td><td>2.1 油封水平中分面间隙不大于 0.05mm。</td></tr>
<tr><td>2.2 油封与轴颈半径间隙为 0.10~0.20mm。</td></tr>
<tr><td rowspan="3">迷宫密封</td><td>1. 外观检查</td><td>1. 密封齿不得有毛刺、倾斜、卷边、裂纹、变形和结垢等缺陷；密封齿镶嵌应牢固。</td></tr>
<tr><td rowspan="2">2. 间隙检查</td><td>2.1 水平剖分面：密封体水平剖分面应平整，间隙不大于0.05mm。</td></tr>
<tr><td>2.2 径向间隙（半径值）见表 2。
表 2　径向间隙要求值　mm
<table><tr><th>部位</th><th>轴封</th><th>一段叶轮气封</th><th>一段隔板气封</th><th>二段叶轮气封</th><th>二段隔板气封</th></tr><tr><td>要求值</td><td>0.25~0.40</td><td>0.60~0.80</td><td>0.35~0.55</td><td>0.50~0.70</td><td>0.30~0.50</td></tr></table></td></tr>
<tr><td rowspan="2">干气密封</td><td rowspan="2">1. 解体检查</td><td>1.1 干气密封的拆卸：①拆下气封套主件；②用专用扳手拆卸锁母；③安装集装板和螺钉；④用专用拆卸工具将“集装式主密封”拆下；⑤取下调整垫。</td></tr>
<tr><td>1.2 干气密封安装前的准备工作：①清洗所有干气密封进气管路及机壳上的进、出气孔，保持清洁，畅通；②将压缩机上安装干气密封部位的腔体与转子，清洗洁净；③检查与静密封O 形圈相配合的部位，不允许有刮痕；④确保干气密封经过的导向边已倒角，必要时修整；⑤检测主轴轴间对主轴旋转轴线的垂直度应小于 0.005mm；⑥检测主轴圆跳动小于 0.02mm；⑦检查准备安装的干气密封主件及其备用件的规格型号、配合尺寸、加工精度等，均符合设备技术文件的要求，各密封件应清洁，O 形圈不得有损伤；⑧安装前，分别测量相对位置尺寸，以决定调整垫厚度，调整垫的尺寸应符合设备技术文件的规定。</td></tr>
<tr><td rowspan="4">隔板</td><td rowspan="4">1. 外观检查</td><td>1.1 检查板体应无磨损、伤痕、裂纹。</td></tr>
<tr><td>1.2 检查叶片应无松动、卷曲、脱落、开焊、叶片间应无结焦等情况。</td></tr>
<tr><td>1.3 检查挂耳及定位销有无损坏和松动。</td></tr>
<tr><td>1.4 水平剖分面有无冲蚀等。</td></tr>
</table>

续表

设备部位	检查项目	检查内容及标准
定位键	1. 质量要求	1.1. 定位键两面的粗糙度应在 $R_a3.2$ 以下，定位键与键槽要按规定的尺寸安装，不得有松动现象。
		1.2. 装入机壳位置：①隔板装入机壳应对号入座，确保位置，上下隔板自由状态下的水平剖分面间隙值不得大于 0.05mm；②隔板两侧支耳螺钉不得高出结合面；③水平剖分面的定位销或键要低于剖分面 0.10~0.20mm；④隔板与槽道的轴向间隙应为：钢制隔板 0.05~0.10mm，铸铁隔板 0.10~0.20mm。
		1.3 与叶轮的轴向间隙：隔板与叶轮的间隙数据一般为 4~6mm，装入迷宫密封体后，轴向间隙最小保证 3.5mm。上推盘安装后，未上推力瓦块时转子的轴向窜动前后均为 1.5~2mm。
转子的轴向位置	1. 质量要求	1. 在止推盘靠紧轴承主止推面时，转子的轴向位置应能保证各级叶轮出口和扩压器流道对中。

2.8.2.4 组装要求

机组在封闭前必须仔细检查和清理，其内部不得有任何异物，组装过程中除了对部件进行清扫外，应对机壳内部彻底清扫，各部件检修完毕，再进行组装。

（1）轴承组装

①仔细对好各部件的标记号，将部件装在原位上，装配时一定要对正油孔，以免装错；②小心清理滑动面，组装前要涂上润滑油；③在双头螺栓的丝扣上涂上一层凡士林油，并除掉定位孔中的脏物；④组装后外观整洁，转子应盘动灵活。

（2）隔板组装

①按标记用专用工具把隔板装入规定位置，配合部位安装前涂防咬合剂，隔板在壳槽内应无松动现象；②隔板上的迷宫密封应完好无损，边缘应尖薄，其厚度不大于 0.50mm；③隔板或隔板套上各部位销钉和其对应的槽孔不应松旷。

（3）转子吊装

①转子吊装前应对转子进行检查；②用专用起吊工具吊起转子，

使转子处于水平状态起吊；③落下时应拆除止推瓦块，以免损坏轴承衬面，严禁转子与缸体部件摩擦和碰撞。

（4）油封体组装

①按标记组装对应部件的油封；②油封体水平接合面及油封梳齿槽内轴向接合面应严密紧固；③油封上的回流孔应整洁畅通。

（5）机壳扣合

①机壳扣合前的质量验证，经确认符合质量要求，由机动处、主修单位及生产车间共同签字后，方可扣合；②吊起上机壳，擦净结合面，涂上密封胶，拧紧导向杆；③机壳下落应缓慢，不应有碰撞或卡涩，当壳体落实后，打入定位销；④机壳连接螺栓的紧固。紧固前检查螺栓、螺母螺纹应完整无缺，螺纹上应涂防咬合剂，应对称拧紧螺母，确保各螺栓受力均匀，符合拧紧力矩的要求；⑤连接螺栓的拧紧力矩应按制造厂规定执行。

2.9 辐射进料泵

2.9.1 结构特点

延迟焦化装置的辐射进料泵一般选用进口泵，共两台（一开一备）。泵的类型为径向剖分卧式 2 级离心泵，中心线支撑，泵的首级叶轮为双吸式叶轮。

辐射进料泵的密封形式为单端面、平衡型金属波纹管机械密封（国外进口），密封冲洗方案采用 API 682 方案 PLAN 32+62。

2.9.1.1 密封冲洗系统（见图 16）

（1）PLAN 32 密封冲洗系统采用蜡油冲洗密封端面，包括冲洗管线、阀门、压力表、温度表和流量指示。机械密封冲洗管路上有两个并联的过滤器，带阀门、就地压差表和压差变送器。

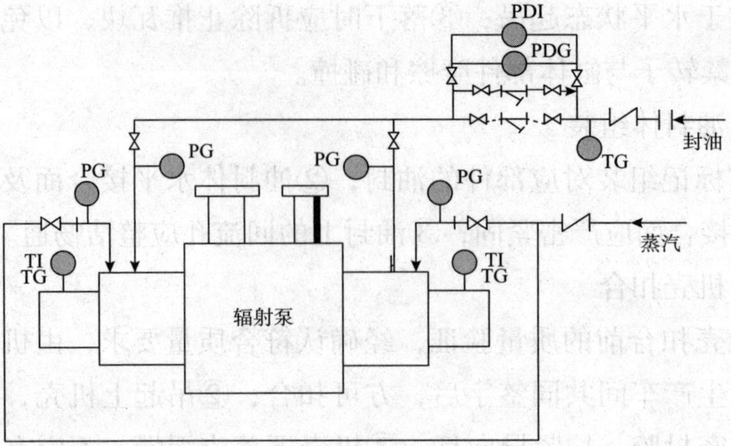

图 16　密封冲洗系统

（2）蒸汽吹扫管路方案为 PLAN 62，采用蒸汽吹扫密封大气侧，管线材质为 316 不锈钢，带孔板、阀门及压力表。

2.9.1.2　冷却水系统（见图 17）

为保证机泵的正常运行，机泵配备了冷却水系统，主要冷却泵的轴承箱，另外冷却水还对机械密封压盖及底座进行冷却。冷却水管路材质为碳钢，管路上带有流量指示，法兰连接。

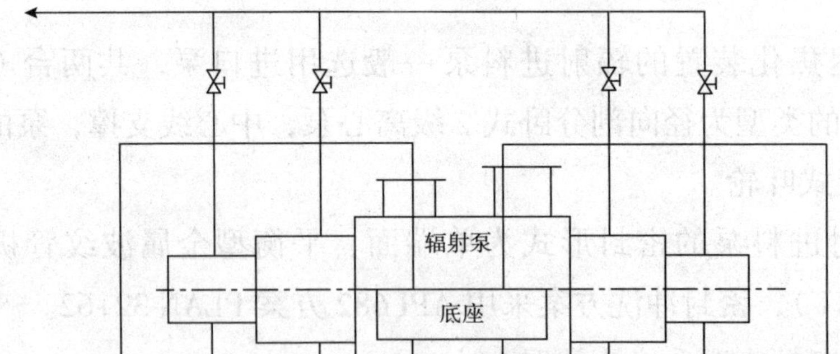

图 17　冷却水系统

2.9.2 常见失效机理

2.9.2.1 介质影响

介质中焦粉、焦粒含量较多，造成诸多不利影响：

（1）造成入口过滤器堵塞，机泵抽空；

（2）对叶轮流道造成冲刷；

（3）造成机械密封密封面磨损，焦粉堆积在波纹管处造成波纹管失弹；

（4）对出入口阀门阀板造成冲刷，同时沉积在阀道内造成阀门无法关严。

2.9.2.2 机械疲劳损坏

（1）机械密封磨损；

（2）口环磨损；

（3）轴承老化；

（4）联轴器叠片断裂。

2.9.3 检修注意事项

机泵具体的检修和相关质量的把控可以参照 SHS 01013《离心泵维护检修规程》执行。目前大部分装置都执行长周期运行目标，装置停工大修基本上均是 3~4 年，机泵的检修可以安排在非停工大修期间进行，因此，大修期间针对机泵的检修需要注意对高温油泵的进出口切断阀门以及需要频繁开关的阀门（如预热阀、连通阀等）进行维护，参照 SHS 01030《阀门维护检修规程》执行，必要时进行更换。保证此类阀门的密封性，确保机泵能顺利地交出进行检修。

2.10 高压水泵

2.10.1 结构特点及失效机理（见图 18）

高压水泵为径向剖分双壳体卧式多级离心泵，级数为 10 级。内外壳体为整体锻件，中心线两端支撑。叶轮与轴的固定采用每个叶轮单独固定，以防止叶轮在轴上的双向轴向移动。由于泵出入口的压差较大，机泵配有平衡鼓、平衡管及推力轴承来平衡机泵运转时产生的轴向力。径向轴承和推力轴承为流体动压滑动轴承，径向轴承采用四油楔滑动轴承。泵进出口法兰均向上布置。

高压水泵及主电机采用强制润滑，油系统中主、辅油泵由电机驱动，并包括两台管壳式油冷却器（水走管程）、两台过滤器等。与油接触的管道、管件、阀门、冷却器等材质均为 0Cr18Ni9 不锈钢。

泵配置机械密封，密封形式为单端面、平衡型。正常工作时，单个机械密封的泄漏量不大于 10mL/h。密封冲洗系统为 PLAN 32 方案，冲洗水为循环水（或软化水），流量为 1~3m^3/h，压力为 0.4MPa。

高压水泵与电机采用膜片式联轴器连接，一起安装在联合公用底

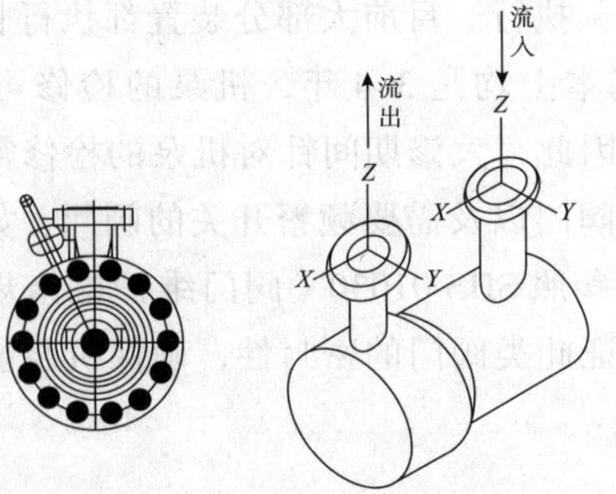

图 18　高压水泵结构简图

座上。电机为异步电动机，电机内配有空间加热器。用空 / 水冷方式冷却，冷却部位为电机上部。电机轴承为滑动轴承，润滑方式为强制润滑，与主泵共用一个油站。电机轴设置手动盘车装置。

两台泵组及主电机共用一个润滑油站，润滑油管道统一接到进油集合管和排油集合管，进油集合管装有压力表。进油支管设专用调节阀和压力表，回油支管上安装了看窗和双金属温度计。润滑油泵为螺杆泵，润滑油站采用双联管壳式油冷却器、恒流双联过滤器、自力式调节阀。

高压水泵是除焦系统的关键设备之一，它具有出口压力高、功率大、频启动、介质含硫和焦粉等磨蚀成分的特点。除焦水经过高压水泵的叶轮高速度旋转、增压后，在泵出口处形成高压水柱，流入焦炭塔中。

水泵内部零部件经过除焦水的长期冲刷和腐蚀，导致磨损或者损坏。主要表现为：水泵效率降低、振动增大、过流部件腐蚀麻点、凹坑、穿透、口环脱落等。

2.10.2 隐蔽项目检查方法

高压水泵隐蔽项目检查方法如表 10 所示。

表 10　高压水泵隐蔽项目检查方法

设备部位	检查项目	检查内容及标准
水泵外筒体	1. 进出水口八角槽密封面	1. 用铲刀、绸布清理密封面，如果出现点蚀、微量磕碰及变形，重新机械加工修理；腐蚀严重、严重磕碰及变形，要求按照返修工艺流程重新堆焊、加工。
	2. 筒体内部止口	2. 用绸布和砂纸清理止口密封面，如果腐蚀、磕碰及变形，要求按照返修工艺流程重新堆焊、加工。
	3. 筒体外部所有螺纹孔及螺柱	3. 目测螺纹孔是否腐蚀或损伤，用螺栓测试是否有明显松动或者研死现象；泵筒体的内螺纹硬度比螺栓大，因此如果出现损伤，及时更换螺栓。

续表

<table>
<tr><th>设备部位</th><th>检查项目</th><th>检查内容及标准</th></tr>
<tr><td rowspan="5">水泵芯包</td><td>1. 检查水泵芯包表面有无划伤、腐蚀</td><td>1. 轻微腐蚀的则车掉后补焊、车削；腐蚀严重的更换中段。</td></tr>
<tr><td>2. 检查芯包密封面有无磕碰、腐蚀</td><td>2. 轻微腐蚀的则车掉后补焊、车削；腐蚀严重的更换中段。</td></tr>
<tr><td rowspan="3">3. 中段、导叶、叶轮、密封环、泵轴</td><td>3.1 擦拭干净，目测是否有腐蚀、磨损、断裂等现象；中段、导叶、叶轮、密封环、泵轴、平衡盘、平衡套等做表面着色检测、超声波检测。</td></tr>
<tr><td>3.2 泵轴跳动检测：<table><tr><td>中间叶轮处</td><td>平衡盘处</td><td>轴瓦处</td><td>联轴器</td></tr><tr><td>0.02mm</td><td>0.01mm</td><td>0.01mm</td><td>0.01mm</td></tr></table></td></tr>
<tr><td>3.3 密封环间隙检测，间隙 0.5~0.6mm；平衡盘、平衡套间隙检测，间隙 0.5~0.6mm；叶轮与泵轴之间的过盈量为 0.04~0.06mm，叶轮外径、中段、导叶止口处测量，如果有轻微磨损、腐蚀，焊接后修复，如有超差现象，更换零部件。</td></tr>
<tr><td rowspan="3">转子</td><td rowspan="2">1. 转子跳动检测</td><td>1.1 千分表放在每级叶轮的密封环外圆处，转子自由旋转，中间叶轮密封环处跳动值≯ 0.06mm，千分表放在平衡盘的外圆处，跳动值≯ 0.04mm，如果超标，重新装配、调整。</td></tr>
<tr><td>1.2 转子跳动检测：<table><tr><td>中间叶轮处</td><td>平衡盘处</td><td>轴瓦处</td><td>联轴器</td></tr><tr><td>0.06mm</td><td>0.04mm</td><td>0.01mm</td><td>0.01mm</td></tr></table></td></tr>
<tr><td>2. 转子动平衡实验</td><td>2. 转子在高速动平衡机上进行 5000r/min 的高速动平衡实验，按 G2.5 验收。</td></tr>
<tr><td>O 形圈及缠绕垫</td><td>1. 检查 O 形圈及缠绕垫有无损坏</td><td>1. 全部更换。</td></tr>
<tr><td>整机调试</td><td>1. 水力性能、机械性能检测</td><td>1. 参数符合技术协议要求、运行平稳，做好测试记录，并归档。</td></tr>
</table>

2.10.3　处理措施及更换周期

（1）轻微腐蚀的零部件修复后继续使用。

（2）有裂纹的更换。

（3）一旦拆解所有密封件全部更换。

（4）尺寸超差的零部件全部更换。

（5）高压水泵的首次检修周期建议为 4 年，之后检修周期建议为 2~3 年。

2.11　除焦系统

2.11.1　除焦控制阀

2.11.1.1　结构简图

除焦控制阀结构如图 19 所示，主要由平衡缸、支座、阀盖、阀芯组件、阀体、一体阀芯、电动 / 气动执行机构、电气控制元件等组成。

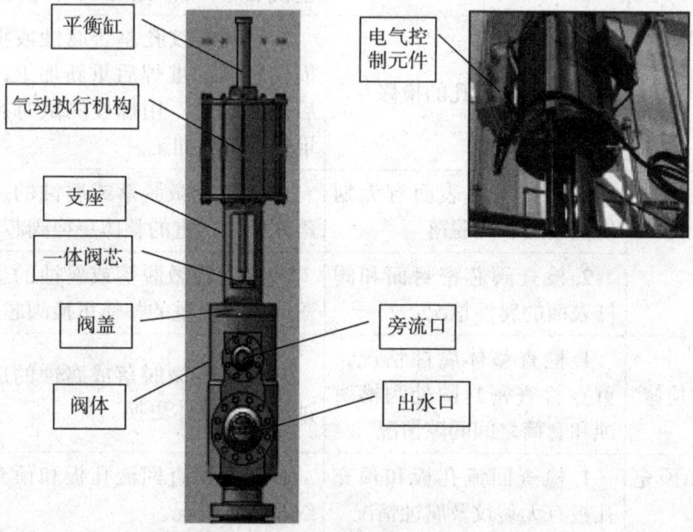

图 19　除焦控制阀结构简图

2.11.1.2　结构特点及失效机理

除焦水经过高压水泵加压流入除焦控制阀，通过气动执行机构双作用气缸和电磁阀控制系统完成两个电磁阀对气源的切换，气动执行机构带动阀芯上下移动，通过阀芯所处的位置，实现全关、预充和全开带动阀芯实现三个位置的换向，阀芯、阀套和阀座之间属于金属硬密封。

阀内组件经过除焦水的长期冲刷和腐蚀，主要表现为除焦水泄漏、阀芯组件腐蚀麻点和凹坑，孔板表现为开裂等。

2.11.1.3　隐蔽项目检查方法

除焦控制阀隐蔽项目检查方法如表 11 所示。

表 11　除焦控制阀隐蔽项目检查方法

设备部位	检查项目	检查内容及标准
阀体检修	1. 密封面	1. 用铲刀、绸布清理密封面；如果出现点蚀、微量磕碰及变形，需进行修复，必要时无损检测。
	2. 阀体内密封面的检修	2. 用绸布和砂纸清理密封面，如果腐蚀、磕碰及变形，要求按照返修工艺流程重新堆焊、加工，必要时进行无损检测。
	3. 阀体螺纹孔的检修	3. 目测螺纹孔是否腐蚀或损伤；腐蚀或损伤轻微的堆焊后重新加工，严重的车大后镶螺纹套，用螺栓测试时有明显晃动的堆焊后重新加工。
阀芯的检修	1. 检查阀芯表面有无划伤及镀层有无脱落	1. 镀层轻微脱落或腐蚀的进行修复；脱落或腐蚀严重的整体更换阀芯。
	2. 检查阀芯密封面和阀杆表面的腐蚀情况	2. 镀层轻微脱落或腐蚀的进行修复；脱落或腐蚀严重的整体更换阀芯。
上下套筒的检修	1. 检查整体腐蚀情况，重点检查密封圈处沟槽腐蚀和套筒之间间隙情况	1. 镀层轻微脱落或腐蚀的进行修复；腐蚀严重的整体更换。
回流孔板和预充孔板的检修	1. 检查回流孔板和预充孔板有无裂纹及腐蚀情况	1. 目测检查回流孔板和预充孔板有无裂纹及腐蚀情况。

续表

设备部位	检查项目	检查内容及标准
上下阀座的检修	1. 检查上下阀座的密封面有无腐蚀和划伤	1. 轻微腐蚀或划伤的研磨后继续使用；腐蚀或划伤严重的更换。
密封件的检修	1. 检查密封面有无腐蚀和划伤	1. 密封件全部更换。

2.11.1.4　处理措施及更换周期

（1）轻微腐蚀的阀芯组件修复后继续使用。

（2）发现裂纹的进行更换。

（3）拆解后所有密封件全部更换。

（4）阀芯表面镀层脱落的更换，轻微腐蚀的修复后继续使用。

（5）除焦控制阀的检修周期建议为 2 年。

2.11.2　钻杆驱动组件

2.11.2.1　结构简图

钻杆驱动组件结构如图 20 所示。

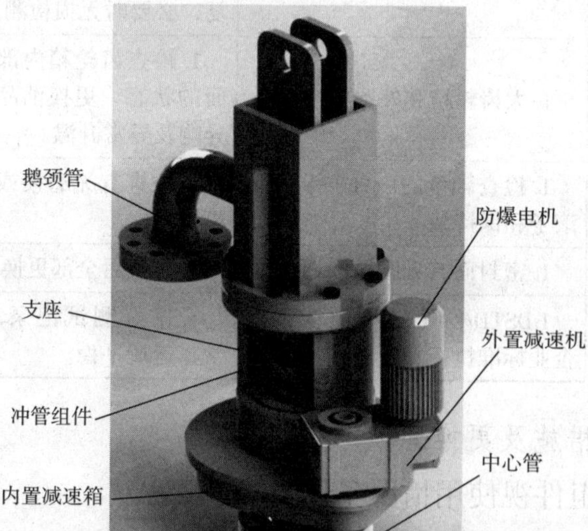

图 20　钻杆驱动组件结构简图

钻杆驱动组件主要由防爆电机、鹅颈管、冲管组件、支座、内置减速箱、外置减速机、中心管等组成。整套系统由电机提供动力，通过外置减速机斜齿轮、内置减速箱直齿轮传递动力至中心管，进而带动钻杆、除焦器旋转运动。变频器进行调速控制，提供过载、过热等多项保护。

2.11.2.2 钻杆驱动组件的失效形式

造成钻杆驱动组件失效的主要形式有冲管组件泄漏和轴承损坏。

（1）冲管组件泄漏，主要是由于密封件损坏引起。

（2）轴承损坏，主要是由于润滑油润滑不良，干磨引起的。

2.11.2.3 隐蔽项目检查方法

钻杆驱动组件隐蔽项目检查方法如表12所示。

表12 钻杆驱动组件隐蔽项目检查方法

设备部位	检查项目	检查内容及标准
鹅颈管和中心管	1. 壳体	1. 去污，确保壳体内腔洁净
	2. 连接面、密封面	2. 用铲刀、绸布清理密封面，如果出现点蚀、微量磕碰及变形，需进行修复，必要时无损检测。
齿轮箱	1. 大齿轮箱和外置减速机	1. 检查齿轮箱内部的清洁度，检查齿面的状态，更换油品后，运行正常，无异响及异常升温。
轴承的检修	1. 检查轴承的内外安装面、滚子和保持架	1. 检查有无磨损或损坏，必要时进行更换。
密封件的检修	1. 密封面有无腐蚀和划伤	1. 拆解后全部更换。
整机调试	1.DSTD/E-Ⅰ钻杆驱动组件企业标准执行	1. 做好测试记录，并归档。开关正常，运行平稳。

2.11.2.4 处理措施及更换周期

（1）冲管组件视使用情况整体更换。

（2）一旦拆解所有密封件全部更换。

（3）齿轮油建议一年更换一次。

2.11.3 钻机绞车

2.11.3.1 结构组成

钻机绞车主要由机架、涡轮蜗杆、减速机壳体、电机组成。

2.11.3.2 钻机绞车的失效形式

钻机绞车主要失效形式为：制动失灵、电机损坏和钢丝绳断股或变形。

（1）制动失灵：由闸皮磨损引起。

（2）电机损坏：由缺相或线圈损坏引起。

（3）钢丝绳断股或变形：由乱绳引起。

2.11.3.3 隐蔽项目检查方法

钻机绞车隐蔽项目检查方法如表 13 所示。

表 13 钻机绞车隐蔽项目检查方法

设备部位	检查项目	检查内容及标准
闸皮	1. 检查闸皮磨损情况	1. 有异常声响或磨损严重直接更换。
电机	1. 检查接线和线圈	1. 运行有无异常，若有及时检修或更换。
钢丝绳	1. 检查有无断股或变形	1. 无断股和变形，正常保养后继续使用，若有及时更换。

2.11.3.4 处理措施及更换周期

（1）闸皮视使用情况定期更换

（2）齿轮油建议一年更换一次

（3）钻机绞车的检修周期建议为 4 年。

2.11.4 自动除焦器

2.11.4.1 结构组成

自动除焦器由阀体、滑阀、自动换向阀、下阀座、上阀套、下阀套、阀套、整流器、喷嘴及连接法兰等零部件组成，如图 21 所示。

图 21　自动除焦器

2.11.4.2　自动除焦器的失效形式

造成自动除焦器失效的主要形式是滑阀卡阻、复位弹簧断裂、片弹簧断裂、喷嘴堵塞或腐蚀、自动换向阀水道堵塞等。

（1）滑阀卡阻：导致钻焦和切焦不能切换。

（2）复位弹簧断裂、片弹簧断裂及换向阀水道堵塞等均可导致钻焦和切焦不能切换。

（3）喷嘴堵塞或腐蚀：导致钻杆摆动。

2.11.4.3　隐蔽项目检查方法

自动除焦器隐蔽项目检查方法如表 14 所示。

表 14　自动除焦器隐蔽项目检查方法

设备部位	检查项目	检查内容及标准
阀体	1. 检查内孔及密封面是否腐蚀	1. 用绸布和砂纸清理密封面，如果腐蚀、磕碰及变形，要求按照返修工艺流程重新堆焊、加工。
	2. 检查换向阀安装面进出水口是否腐蚀	2. 若腐蚀或冲刷严重，则按照返修工艺流程重新堆焊、加工。
喷嘴	1. 检查喷嘴内表面是否有腐蚀凹坑	1. 若有腐蚀凹坑直接更换。
	2. 测量每组喷嘴出口内径	2. 内径差 ≥ 0.03mm，则统一更换喷嘴。

续表

设备部位	检查项目	检查内容及标准
上阀套、中间阀套、下阀套、下阀座和滑阀	1. 检查密封面是否腐蚀损伤	1. 若腐蚀或损伤，视情况进行修复或更换。
自动换向阀	1. 检查能否自动转换	1. 直接更换复位弹簧和片弹簧。
	2. 检查本体密封面是否腐蚀损伤	2. 若腐蚀或损伤，视情况进行修复或更换。
	3. 检查阀芯水道是否腐蚀	3. 若腐蚀或损伤，直接更换。
	4. 检查活塞是否腐蚀	4. 若腐蚀或损伤，直接更换。
密封件	1. 检查密封面有无腐蚀和划伤	1. 更换全部密封件。

2.11.4.4　处理措施及更换周期

自动除焦器的检修周期建议为 1 年。

2.11.5　钻杆

2.11.5.1　结构组成

钻杆由 4~5 节无缝钢管组成，上端与钻杆驱动组件相连，下端与除焦器相连。

2.11.5.2　钻杆的失效形式

造成钻杆失效的主要是形式是腐蚀减薄、接头处焊缝泄漏和直线度超标。

2.11.5.3　隐蔽项目检查方法

钻杆隐蔽项目检查方法如表 15 所示。

表 15　钻杆隐蔽项目检查方法

设备部位	检查项目	检查内容及标准
钻杆	1. 检查钻杆的壁厚	1. 减薄量 > 壁厚的 12.5%，则更换。
	2. 直线度	2. 全长 >15mm，进行校直或更换。
	3. 接头处焊缝	3. 进行检测有无裂纹，若有则修复。
	4. 上下接头的螺纹	4. 检查螺纹有无损伤，若有则更换。

2.11.5.4 处理措施及更换周期

钻杆的检修周期建议为 4 年。

2.11.6 自动顶盖机

自动顶盖机适用于延迟焦化装置焦炭塔上塔口的自动开合，采用法兰密封技术，法兰之间通过液压螺栓连接，通过水平旋转方式进行设备的开、关盖。

2.11.6.1 结构组成

自动顶盖机主要由机械主体、控制系统、液压系统三部分组成，如图 22 所示。控制系统由电机及其控制回路、电磁阀及其控制回路、防爆配电柜、阀位回讯开关等组成；液压系统由液压站、油管、油缸等组成，三者有机结合最终安全和可靠地完成开、关盖动作，保证焦炭塔生焦和除焦工作的顺利进行。

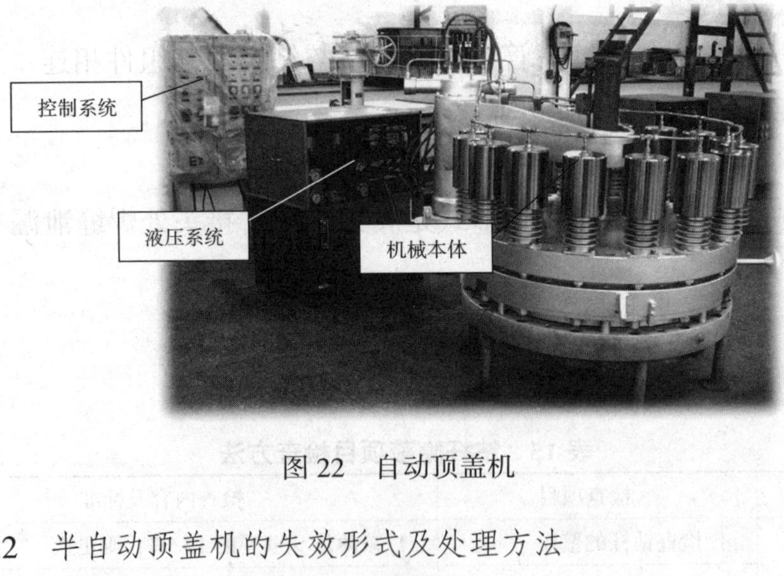

图 22 自动顶盖机

2.11.6.2 半自动顶盖机的失效形式及处理方法

半自动顶盖机的失效形式及处理方法如表 16 所示。

表 16　半自动顶盖机的失效形式及处理方法

故障现象	可能原因	处理方法
1. 系统无压力、压力调不上去	压力表损坏	更换
	压力表开关没打开	打开压力表开关
	油液不足	补充油液
	电机转向不对	改变电机转向
	滤油器堵塞	清洗、更换滤油器
	溢流阀卡堵、损坏	清洗、更换
	油泵损坏	更换
	油缸内泄漏大	检修油缸
	油液太脏	彻底清洗油箱并更换油液
	初次启动，有空气，油液吸不上来	松开油泵出油口管接头并开机排气
2. 声音异常或油缸爬行	油泵损坏	更换
	溢流阀故障、压力不稳	清洗或更换
	吸油管路进气	紧固或更换密封
	泵和电机不同心	维修、调整
	空气滤清器堵塞	清洗
	油液不足	补充油液
	滤油器堵塞	清洗、更换滤油器
3. 油缸不换向、油缸速度慢、爬行	换向阀损坏	更换
	换向阀电磁线圈没电	检查电路
	系统压力不够	调高压力
	油缸故障	维修油缸
	节流阀开口小	调节
	机械卡死	排除故障
4. 油缸不动	换向阀电磁线圈没带电	检查电路和接头
	电磁阀卡死或损坏	检修、更换
	节流阀关死没打开	打开节流阀
	机械卡死或不顺	检查、检修

续表

故障现象	可能原因	处理方法
5. 油缸不到位	机械卡死或不顺	检查、检修
	电磁阀卡死或损坏	检修、更换
6. 油缸自动回油、缸不定位	电信号不稳、时通时不通	检查电器
	双液控单向阀漏油	清洗或更换
	油缸内漏	检修
7. 液压系统完全失压无法开盖	液压系统故障	1. 去掉相连液压管线及提升油缸液压锁并妥善放置
		2. 打开液压螺栓头上的备母，旋出液压螺栓头约 5mm
		3. 去除锁环油缸和锁环相连销轴，用物件敲动锁环旋转
		4. 手动旋转头盖
8. 密封面泄漏	八角垫或八角槽有腐蚀或损伤	更换八角垫修复八角槽
	液压螺栓密封力不足	检修液压螺栓更换碟簧

2.11.6.3 隐蔽项目检查方法

自动顶盖机隐蔽项目检查方法如表 17 所示。

表 17　自动顶盖机隐蔽项目检查方法

设备部位	检查项目	检查内容及标准
连接法兰	1. 检查八角槽和螺纹孔	1. 将外表面打磨除锈，修复应急螺栓孔丝扣，八角槽重新加工，并喷银色耐高温漆。
头盖法兰	1. 检查八角槽	1. 八角槽重新加工，并喷银色耐高温漆。
	2. 检测封头	2. 检测封头厚度，需满足设计要求的最小极限厚度 14mm，若封头厚度小于 14mm 则需更换封头，若大于 14mm，返厂后在其凹面侧增加防锈蚀的堆焊层。
液压螺栓	1. 碟簧和密封件	1. 更换碟簧和密封件。
	2. 缸筒	2. 拆检后缸筒内表面划伤的报废，外表面磕碰伤的补焊，然后打磨掉镀铬层，重新镀铬。

续表

设备部位	检查项目	检查内容及标准
液压螺栓	3. 散热片	3. 散热片变形严重的报废，一般变形的校平，然后打磨除锈重新镀锌。
	4. 螺柱和锁紧螺母	4. 修复螺柱与锁环的接触面，然后发蓝处理。
	5. 打压试验	5. 组装完成按照试验条件进行打压试验，检查在不同压力下（5MPa、10MPa、15MPa、20MPa）液压螺栓的伸长量变化，变化量在 1.5~2.2mm 为正常，超出范围为不正常，重新更换液压螺栓组件。
液压转角器	1. 齿条和齿轮箱	1.1 检查齿条外表面和齿轮箱内表面有无划伤，划伤的报废，然后更换全部密封件，组装后打压试验，齿轮轴和齿轮箱之间增加铜套和润滑孔。
		1.2 齿轮轴和齿轮箱之间增加铜套和润滑孔。
锁环	1. 锁环有无翘曲变形	1. 检查锁环有无翘曲变形，若无则继续使用，否则更换。
锁环油缸	1. 密封面有无划伤	1. 锁环油缸拆解后检查密封面有无划伤，划伤的报废，若无划伤更换密封件，打压后继续使用。
提升油缸	1. 密封胶圈失效，无法拆除	1. 建议一个大修周期整体更换。
液压钢管和管接头	1. 有无腐蚀和磕碰伤	1. 若无清洗后继续使用，否则更换。
高压金属软管	1. 有无腐蚀和划伤	1. 建议根据使用情况进行更换。
密封件	1. 密封面有无腐蚀和划伤	1. 根据使用情况更换密封件。
塔口连接螺柱、螺母、垫片和弹簧	1. 有无划伤	1. 根据使用情况更换。
密封试验和动作	1. 密封面有无腐蚀和划伤	1. 按自动顶盖机的试验规程进行试验。

续表

设备部位	检查项目	检查内容及标准
液压站	1. 液压油箱	1. 清洗液压油箱，更换液压油。
	2. 电磁阀和液压阀	2. 根据使用情况更换电磁阀和液压阀。
	3. 回油过滤器和空气过滤器	3. 根据使用情况更换。
	4. 液压泵	4. 给液压站上电，启动溢流阀，检测液压站能否达到原先设计的最高压力25MPa，最低不得低于23MPa，否则需更换液压泵。
电气系统	1. 电控柜	1. 检查操作按钮有无松动、损坏，若有应及时上紧或更换，发现面板指示牌脱落、损坏应及时修理、完善。
	2. 接近开关	2. 查看所有STN防爆阀位回讯器的位置是否发生了位移，即回讯器与磁信号发生器之间的距离如大于5mm，应及时调整。

2.11.6.4 处理措施及更换周期

自动顶盖机的整体检修周期建议为1个大修周期。

2.11.7 半自动底盖机

自动底盖机适用于延迟焦化装置焦炭塔下塔口的自动开合，采用法兰密封技术，法兰之间通过液压螺栓连接，通过行车油缸带动头盖和保护筒进行移动，从而完成焦炭塔下塔口的开、关盖。

2.11.7.1 结构组成

自动底盖由设备本体、电气系统和液压传动系统三部分组成，电气系统为独立的电控柜，现场安装固定在塔底平台上，通过电缆滑车和自动底盖机相连；液压传动系统为独立的液压站，安装在自动底盖机行车上，通过油管和自动底盖机相连；机械系统包括进料短节、头盖法兰、升降装置、保护筒、行走小车等设备。三者有机结合最终安全和可靠地完成开关盖动作，保证焦炭塔的生焦和除焦工作的顺利进行。

2.11.7.2 自动底盖机的失效形式及处理方法

自动底盖机的失效形式及处理方法如表 18 所示。

表 18 自动底盖机的失效形式及处理方法

故障现象	可能原因	处理方法
1. 系统无压力、压力调不上去	压力表损坏	更换
	压力表开关没打开	打开压力表开关
	油液不足	补充油液
	电机转向不对	改变电机转向
	滤油器堵塞	清洗、更换滤油器
	溢流阀卡堵、损坏	清洗、更换
	油泵损坏	更换
	油缸内泄漏大	检修油缸
	油液太脏	彻底清洗油箱并更换油液
	初次启动，有空气，油液吸不上来	松开油泵出油口管接头并开机排气
2. 声音异常或油缸爬行	油泵损坏	更换
	溢流阀故障、压力不稳	清洗或更换
	吸油管路进气	紧固或更换密封
	泵和电机不同心	维修、调整
	空气滤清器堵塞	清洗
	油液不足	补充油液
	滤油器堵塞	清洗、更换滤油器
3. 油缸不换向、油缸速度慢、爬行	换向阀损坏	更换
	换向阀电磁线圈没电	检查电路
	系统压力不够	调高压力
	油缸故障	维修油缸
	节流阀开口小	调节
	机械卡死	排除故障

续表

故障现象	可能原因	处理方法
4. 油缸不动	换向阀电磁线圈没带电	检查电路和接头
	电磁阀卡死或损坏	检修、更换
	节流阀关死没打开	打开节流阀
	机械卡死或不顺	检查、检修
5. 油缸不到位	机械卡死或不顺	检查、检修
	电磁阀卡死或损坏	检修、更换
6. 油缸自动回油、缸不定位	电信号不稳、时通时不通	检查电器
	双液控单向阀漏油	清洗或更换
	油缸内漏	检修
7. 液压系统完全失压无法开盖	液压系统故障	1. 去掉相连液压管线及提升油缸液压锁并妥善放置
		2. 打开液压螺栓头上的备母，旋出液压螺栓头约 5mm
		3. 去除锁环油缸和锁环相连销轴，用物件敲动锁环旋转
		4. 手动旋转头盖
8. 密封面泄漏	八角垫或八角槽有腐蚀或损伤	更换八角垫修复八角槽
	液压螺栓密封力不足	检修液压螺栓更换碟簧

2.11.7.3 隐蔽项目检查方法

自动底盖机隐蔽项目检查方法如表 19 所示。

表 19 自动底盖机隐蔽项目检查方法

设备部位	检查项目	检查内容及标准
进料短节	1. 测量进料短节下法兰八角槽的椭圆度	1.1 若椭圆度 >3mm，需要把头盖升起顶住进料短接，松掉塔口连接螺柱，之后降下头盖，继续测量进料短接下法兰八角槽的椭圆度，若椭圆度≤3mm，校正塔口法兰，若椭圆度 >3mm，则需要同时校正进料短接下法兰和塔口法兰，使之椭圆度≤3mm。
		1.2 若法兰椭圆度校正不到≤3mm，则需要更换法兰。

续表

设备部位	检查项目	检查内容及标准
进料短节	2. 法兰紧固完好，无泄漏	2.1 安装进料短节上法兰和塔口法兰之间的八角垫圈。
		2.2 连接塔口与短节之间的连接螺柱并紧固。
液压螺栓	1. 碟簧和密封件	1. 根据检查情况更换碟簧和密封件。
	2. 缸筒	2. 拆检后缸筒内表面划伤的报废，外表面磕碰伤的补焊，然后打磨掉镀铬层，重新镀铬。
	3. 散热片	3. 散热片变形严重的报废，一般变形的校平，然后打磨除锈重新镀锌。
	4. 螺柱和锁紧螺母	4. 修复螺柱与锁环的接触面，然后发蓝处理。
	5. 打压试验	5. 组装完成按照试验条件进行打压试验，检查在不同压力下（5MPa、10MPa、15MPa、20MPa）液压螺栓的伸长量变化，变化量在 1.5~2.2mm 为正常，超出范围为不正常，重新更换液压螺栓组件。
起重部分检修	1. 平行度检查	1. 升起起重油缸，让头盖法兰上面和进料短接下法兰的下表面距离为 50mm 左右，测量两法兰面之间的平行度，若平行度 >2mm，则调整起重底架。
浮动连接座	1. 外观检查，有无损坏	1. 根据检查情况进行更换。
锁环	1. 外观检查，有无损坏	1. 检查锁环有无翘曲变形，若无则继续使用，否则更换。
锁环油缸	1. 外观检查，有无损坏	1. 锁环油缸拆解后检查密封面有无划伤，划伤的报废，若无划伤更换密封件，打压后继续使用。
行车油缸	1. 外观检查，有无损坏	1. 更换行车油缸密封圈。
保护筒	1. 外观检查，有无损坏	1.1 更换护筒油缸节流阀和液控单向阀。
		1.2 更换护筒油缸密封圈
		1.3 拆除下保护筒油缸支座的护板，清理导向套，并重新加注润滑油。
		1.4 观察护筒上升下降过程中的同步性，并随时调节节流阀。
液压钢管和管接头	1. 检查有无腐蚀和磕碰伤	1. 若无清洗后继续使用，否则更换。

续表

设备部位	检查项目	检查内容及标准
高压金属软管	1. 检查有无腐蚀和磕碰伤	1. 全部更换。
密封件	1. 检查有无腐蚀和磕碰伤	1. 更换全部密封件。
塔口连接螺柱、螺母、垫片和弹簧	1. 检查有无腐蚀和磕碰伤	1. 全部更换。
液压站	1. 液压油箱	1. 清洗液压油箱更换液压油。
	2. 电磁阀和液压阀	2. 更换状态差的电磁阀和液压阀。
	3. 回油过滤器和空气过滤器	3. 更换。
	4. 液压泵	4. 给液压站上电，启动溢流阀，检测液压站能否达到原先设计的最高压力 25MPa，最低不得低于 23MPa，否则需更换液压泵。
电气系统	1. 电控柜	1. 检查操作按钮有无松动、损坏，若有应及时上紧或更换，发现面板指示牌脱落、损坏应及时修理、完善。
	2. 接近开关	2. 查看所有 STN 防爆阀位回讯器的位置是否发生了位移，即回讯器与磁信号发生器之间的距离如大于 5mm，应及时调整。

2.12.7.4　处理措施及更换周期

自动底盖机的整体检修周期建议为 1 个大修周期

2.12　密闭输送系统

2.12.1　管状带式输送机

2.12.1.1　结构简图

管状带式输送机由驱动装置、头部滚筒、尾部滚筒、托辊组和机架等部分组成，如图 23 所示。

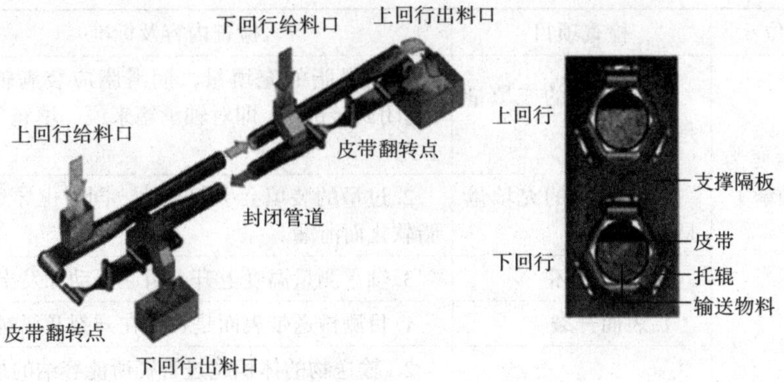

图 23　管状带式输送机结构简图

2.12.1.2　结构特点及失效机理

GD 型系列管状带式输送机（简称管带机）适用于各种复杂地形条件下输送密度为 0~2.5t/m^3 的各种散状物料，可采用普通管状胶带。工作环境温度使用范围为 –25~40℃。其头部、尾部、受料点、卸料点、拉紧装置等位置的结构与普通带式输送机的结构几乎一样，只是在输送机的加载点后至卸料点前的中部输送段形成圆管状，即在尾部受料段后胶带由平形向槽形、深槽形逐渐过渡，最后将物料包裹起来卷成圆管状。在形成段，胶带被多边形布置的辊子强行裹成圆管，输送物料被完全封闭在圆管内随胶带稳定运行。当到达头部时胶带逐步过渡，由圆管形状变成深槽形，槽形最后在头部滚筒卸料。胶带的回程段也基本上与承载段相同，一般也是形成圆管状。

其主要失效形式表现为过载和因夹杂油脂类物质引起的蛇行，如果输送胶带的表面粘着油脂类物质，表层橡胶会软化而膨胀，从而成为损坏输送带的主要原因，所以应及时擦净输送带上的油脂。

2.12.1.3　隐蔽项目检查方法

管状带式输送机隐蔽项目检查方法如表 20 所示。

表 20　管状带式输送机隐蔽项目检查方法

设备部位	检查项目	检查内容及标准
轴承（主要为滚筒轴的轴承）	1. 润滑脂的充填量是否过少	1. 润滑脂的充填量，润滑脂应装满轴承内部（封闭回转部），即对轴承箱来说，填充其空间的1/3。
	2. 润滑脂的充填量是否过量	2. 过量的装填会引起发热，同时也导致因润滑脂软化而泄漏。
	3. 轴承损坏	3. 轴承测量温度上升、引起振动和发出噪声。
输送胶带	1. 表面开裂	1. 目测输送带表面是否存在开裂及漏料情况。
	2. 蛇行状态	2.1 输送物的体积超过管径所能容纳的最大量。
		2.2 表面粘着油脂类物质，回程胶带上若夹带着物料时仍运行引起皮带反卷。
		2.3 改向、传动、重力、头部、尾部滚筒里是否附着了过多的物料。
		2.4 张紧装置是否调整得当。
滚筒	1. 表面胶层的磨损	1. 每月进行一次检查，胶层是否存在脱落、磨损打滑现象。
	2. 滚筒表面黏料	2. 每日检查是否需要清扫存在影响皮带正常运行的物料黏结在滚筒表面。
头部漏斗和导料槽	1. 有无堆积物	1. 是否附着杂物，是否需要清扫。
	2. 检验漏斗衬板的磨损	2. 磨损是否正常，是否需要更换。
清扫器	1. 刮取效果	1. 不应使清扫器的橡胶板过度压紧输送带。
	2. 橡胶的磨损等情况	2. 清扫器橡胶带与胶带之间不能附着物料及其他杂物。
电压表	1. 确认电压表值是否正常	1. 如较规定值低 10% 以上，应停止作业并查原因。
各运行段托辊	1. 运转状况、黏料、磨损情况	1. 确认黏料是否需清扫，存在不均衡磨损，是否存在划伤皮带等情况。
联轴器	1. 对中要求	1. 径向圆跳动和端面圆跳动值均不大于 0.05mm。
	2. 给油状况	2. 给油状况是否良好。
其他部位润滑	1. 确认各处的润滑状态	1. 对不足处予以加油。补油并擦拭零件上的油污、尘土和水分，这样容易发现零件的破裂、损耗、松动等不良现象。

2.12.1.4 处理措施及更换周期

（1）轴承润滑脂过多和损坏：拔出轴承箱排出口的螺丝帽，按额定转速运行20min左右，会有一些多余的润滑脂流出来。等到再没有润滑脂流出来时，再把螺丝拧上。这样可以防止润滑油过多。若轴承损坏，按照轴承型号更换同型号轴承即可。

（2）输送胶带要定期地检测、清扫，若有损坏应及时修补，无法修补应予以更换。

（3）清扫器应每班检查并及时清扫表面附着物。

（4）管带机的蛇行和扭转调整方法：

1）尾部（槽型）是根据尾部滚筒和承载段及输送带之间的直角度变化进行蛇行调整（调整方法，请参照图25）。

2）头部和拉紧部（槽型）的调整是根据槽型承载段、改向滚筒及驱动滚筒和皮带之间的直角度变化进行的，即采用与普通带式输送机相同的方法进行蛇行调整。另外，因头部滚筒直接与驱动部分连接，所以不要进行头部滚筒的调整。

①承载段调整如图24所示。

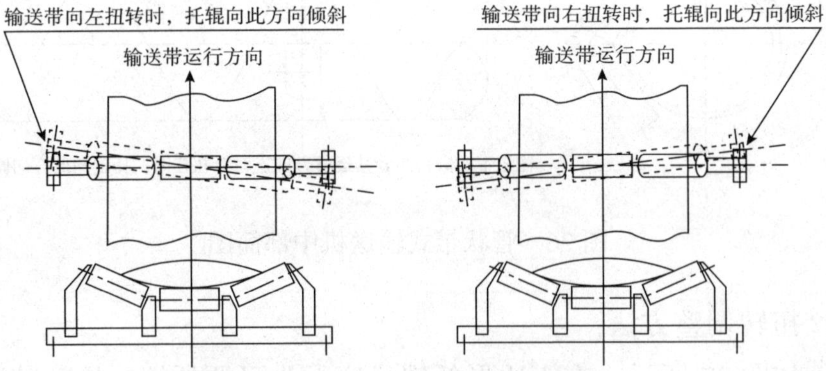

图24 管状带式输送机承载段简图

②头部滚筒及尾部滚筒调整如图25所示。

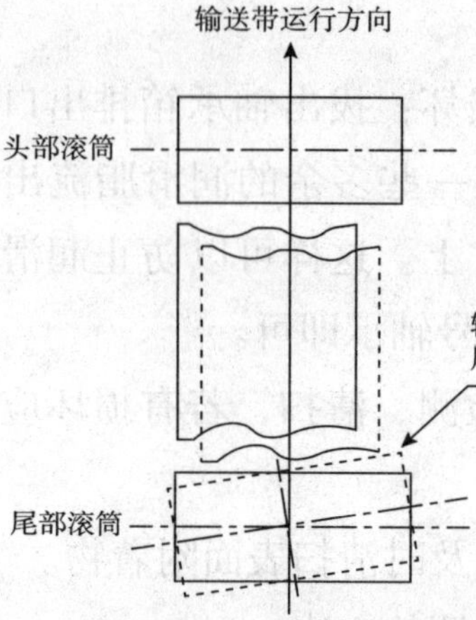

图 25　管状带式输送机头尾部滚筒简图

3）中部（管状）是根据由前进方向前后调整圆管托辊的原理进行扭转调整的。

①扭转调整概要：中部的扭转调整，是通过使托辊和承载段、回程段都置于输送带运行方向的前后而实现的（见图 26）。

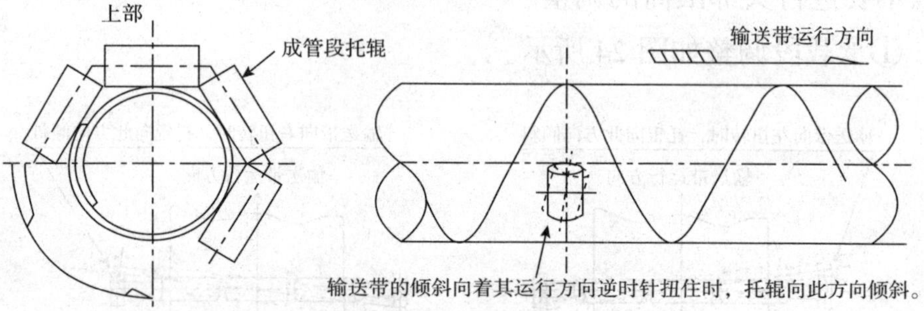

图 26　管状带式输送机中部简图

②扭转调整方法：

a. 如图 27 所示，在六边形托辊最底下为可调托辊，松动其连接螺栓，可使其辊子向前倾斜，达到调扭转作用。图 27 为逆时针扭曲调试方法，如顺时针扭曲将托辊右侧前倾。

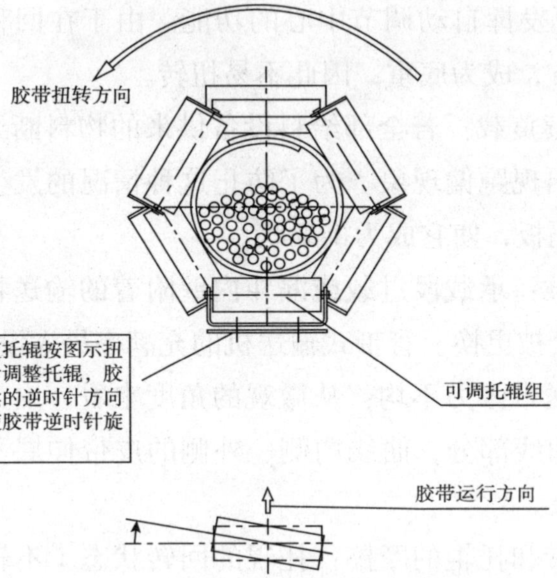

图 27　管状带式输送机中部扭转方法简图

b.（以上方法为主要手段）亦可将斜垫放入托辊座和桁架主体之间，使托辊如图 28 所示倾斜。

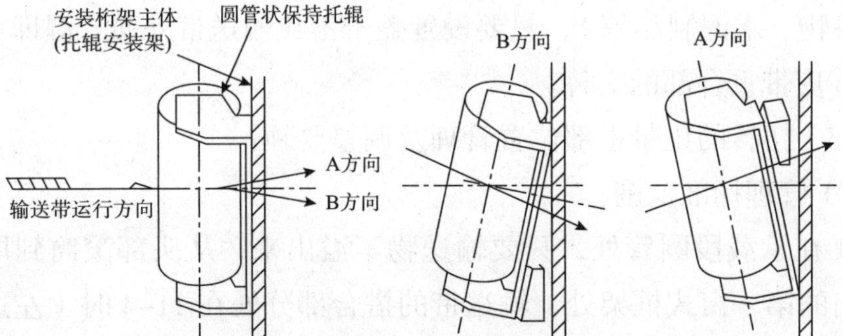

图 28　管状带式输送机托辊简图

4）扭转现象发生原因：

①顶部过重：由于圆管带式输送机的输送带重叠，当承载段为无载状态时即“顶重”状态时（重心在上方），容易发生扭转。但可通过扭转度调整，当物料进入输送带中时，成为“底重”状态（重心在

下方），可发挥自动调节中心的功能。由于在回程段，输送带的搭合部分在下方，成为底重，因此不易扭转。

②断续负载：若全部给料设备供来的物料断续地卸载在胶带上，胶带就会出现跑偏现象。为了防止这种情况的发生，在上部的漏斗上设置一个隔板，使它成为拱架状。

③过载：承载段过载或漏斗内壁附着的输送物落下时，输送带根部的重合会被更换。管带式输送机的充满率最大设计值为75%。

④输送带张力不均：从微观的角度来看，皮带的张力是不可能均匀的，在曲线部分，曲线内侧、外侧的皮带伸展不同，因此，容易发生扭转现象。

⑤皮带和托辊的摩擦：托辊的回转状态（不转动或阻滞）和无遮盖时胶带托辊被雨水淋湿等情况下，胶带和托辊之间的摩擦力会发生变化（沿胶带的圆周方向）。输送带的磨损会引起输送带圆周方向的不均衡现象，因此，需要定期的检查。雨天会比晴天扭转的次数更频繁一点，但如果是在许可范围则可不进行调整。即使输送物是怕水制品（谷物、水泥制品等），只要设置盖子不让输送带外面弄湿即可。

⑥皮带重合部的交替。

（5）扭转的皮带根部位置管理及调整要领：

1）管理标准范围：

①在承载段圆管处，只要输送物不溢出来，从头部滚筒到尾部滚筒方向的第一窗式框架处、输送带的搭合部分处在11~4时（左边被覆盖的情况）的范围是许可的，但是，以输送带不越出头部、尾部滚筒的宽幅为前提。

②为了限制上述范围内的扭转，试运行时，把圆管保持托辊的轴线调整成倾向于圆管输送带的行进方向。

2）根据皮带根部位置推移示意图所制定的管理标准：

①右边重叠如图29所示。

②请按照输送带根部位置管理界限目标图（见图 29）管理。

③皮带出入口处的理想搭接位置如下：

右边重叠的情况：11 时$^{+2.0\text{时间}}_{-1.5\text{时间}}$

④中部的理想搭接位置如下：

右边重叠的情况：11 时$^{+3.0\text{时间}}_{-3.0\text{时间}}$

3）调整输送带扭转要领标准：

①在搭接位置推移图（见图 29）中，把理想搭接位置称为 B。从 B 点逆着输送带方向回到接近覆盖的基准线的皮带位置即输送带开始变化的 A 点。调节 A 点前后 1~3 个窗式框架衬垫，查看效果。

②在扭转的情况下，圆管输送带出口前 10~15 个窗式框架的地方进行衬垫调整，也可作为调整输送带出口处的最佳搭接位置。

③衬垫的位置参照图 29。

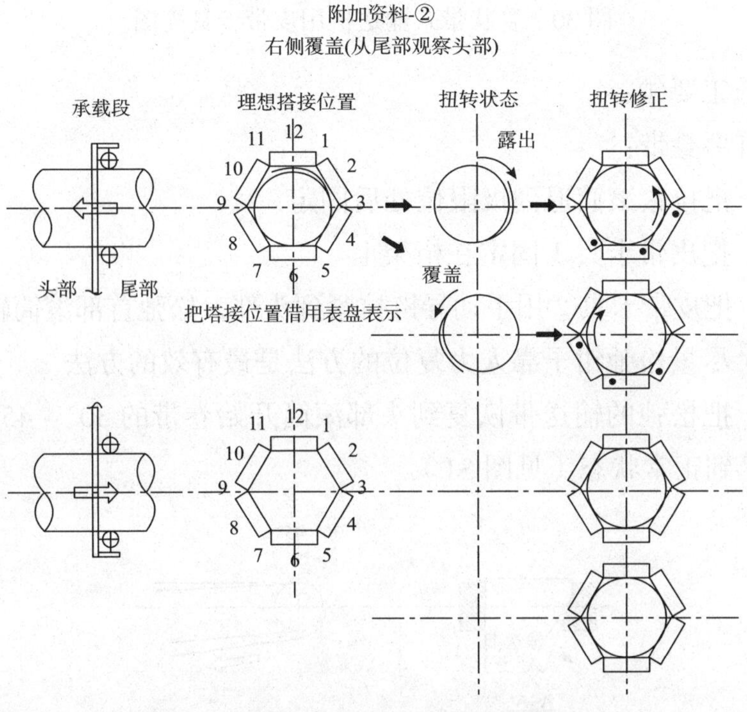

图 29　管状带式输送机衬垫位置简图

（6）输送带复位要领：

1）反卷内容：由于管带式输送带超负荷运行、蛇行及扭转等原因所引起的头部、尾部、全机长的输送带折叠现象。

2）复位施工要领：

①作业工具：手动导链；剪刀铁丝；皮带卡具（2个，见图30）；棉纱（抹布）、橡胶。（使其卡具固定胶带时应由棉纱及橡胶进行保护）

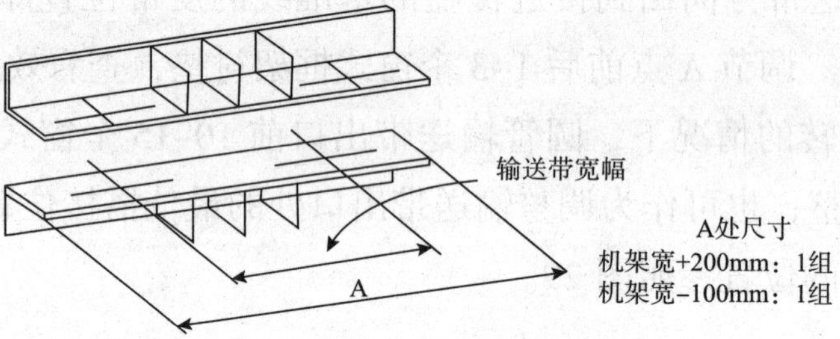

图30　管状带式输送机用皮带卡具简图

②施工要领：

a. 首部叠带：

（a）把拉紧滚筒退到极限位处后固定。

（b）把皮带卡具①固定在桁架上。

（c）把皮带卡具②用手动导链拉紧到头部，松弛首部滚筒输送带。

（d）尽量松弛钳子靠人力复位的方法是最有效的方法。

（e）把松弛的输送带恢复到头部滚筒开始卷带的30° ~ 45° 位置，就能恢复到正常状态（见图31）。

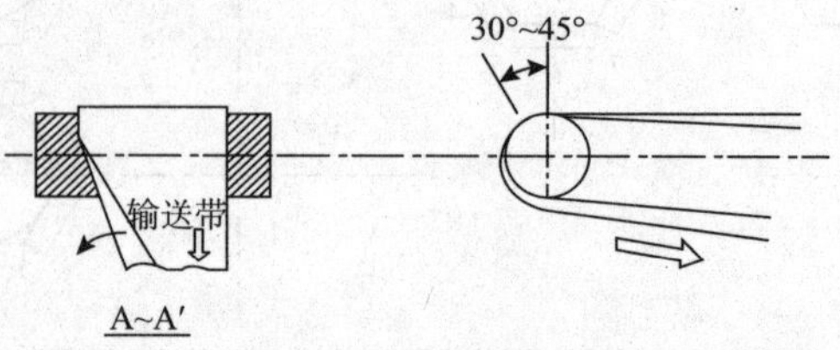

图31　管状带式输送机皮带恢复简图

（f）皮带回复正常状态后，用铁丝束紧［使用棉纱（抹布）保护胶带］，如图 32 所示。

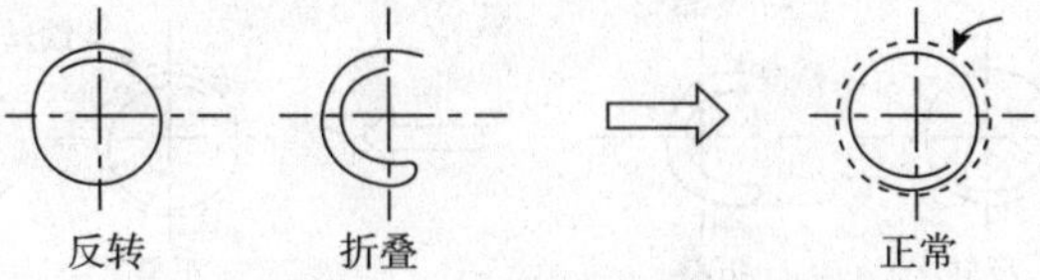

图 32　管状带式输送机捆绑简图

注：铁丝可通过第一组窗式框架剪断。

（g）放开皮带夹、拉紧滚筒，边确认输送带的状况，边慢慢反复运行输送带，直到正常。

b. 尾部叠带（见图 33）：

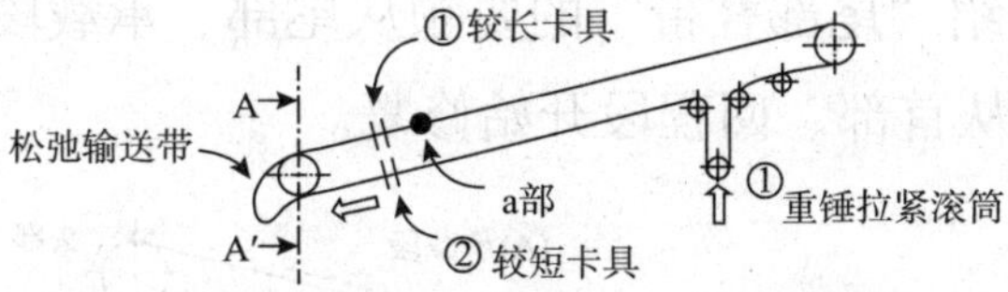

图 33　管状带式输送机尾部叠带简图

（a）把拉紧滚筒退到极限位处后固定。

（b）把皮带夹①固定在桁架上。

（c）把皮带夹②用链式滑车拉紧到尾部，松弛尾部滚筒输送带。

（d）尽量松弛钳子靠人力复位的方法是最有效的方法。

（e）把松弛的输送带恢复到头部滚筒开始卷带处约 30° ~ 45° 的位置，就能恢复到正常状态（见图 34）。

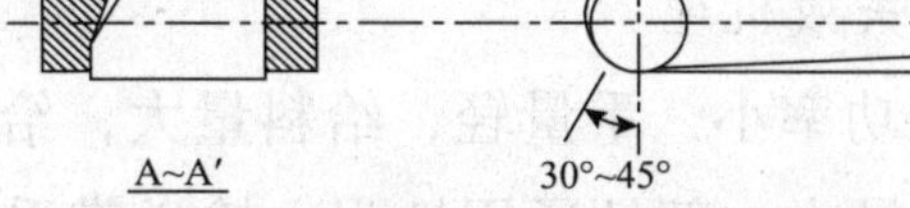

图 34　管状带式输送机恢复简图

（f）皮带回复正常状态后，用铁丝束紧（用废布保护输送带），如图 35 所示。

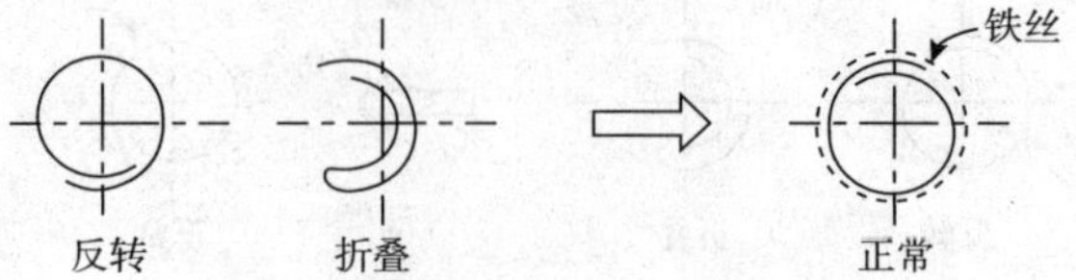

图 35　管状带式输送机捆绑简图

注：铁丝可通过第一组窗式框架剪断。

（g）放开皮带夹、拉紧滚筒边确认输送带的状况，慢慢反复运行输送带，直到正常。

c. 全程叠带（见图 36）：

根据本节介绍“尾部叠带”的要领从尾部、承载段开始修复，“首部叠带”的要领从首部、回程段开始修复。

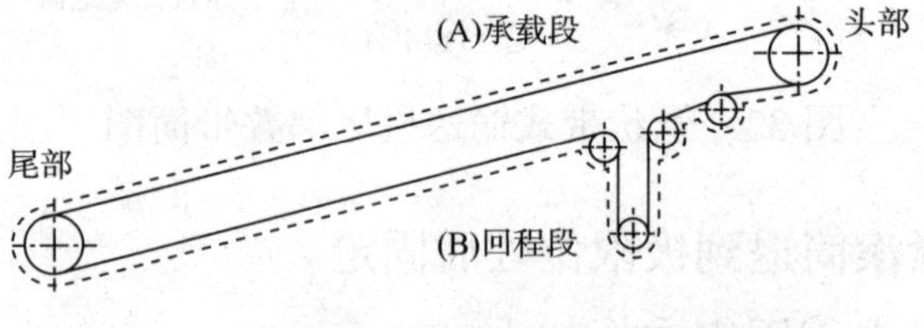

图 36　管状带式输送机全程叠带简图

2.12.2　带式输送机

2.12.2.1　结构简图

带式输送机由 MB 无级变速机、托辊、皮带、链条和检修闸门、导料槽、滚筒等组成，如图 37 所示。

2.12.2.2　结构特点及失效机理

带式输送机运行功率小，重量轻，给料量大，给料量稳定、调整方便，噪声小，维修量小，部件通用性强。输送带采用胶带与二维柔性甲带的组合，二维柔性甲带环绕在胶带外面，在输送系统中存在大

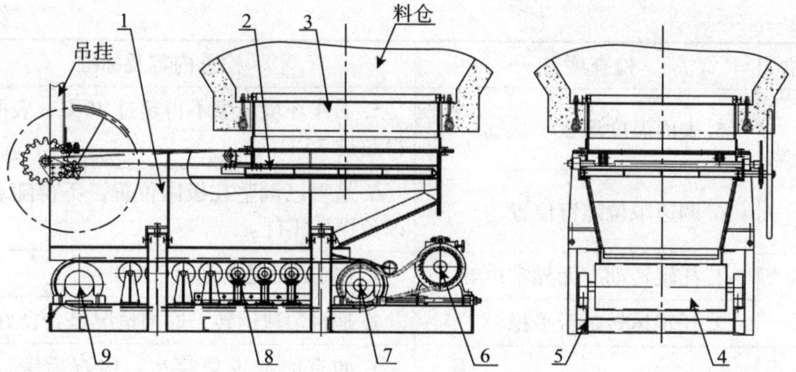

1—导料槽；2—检修闸门；3—连接段；4—胶带；5—底架；6—驱动装置；7—驱动滚筒；8—托辊；9—改向滚筒

图 37 带式输送机结构简图

块物料或钢钎等尖锐物时，二维柔性甲带能够承受大块物料的高速冲击，能够承受钢钎等尖锐物的划割，从而能够很好地保护内层胶带，延长输送带的使用寿命。

在带式输送机使用过程中，应经常检查各部件运行情况，听变速机和托辊的运行声音是否正常，看皮带是否跑偏等，发现问题及时解决。避免变速机缺油或润滑油脂而损坏、皮带松动过长、过早疲劳破坏等。

2.12.2.3 隐蔽项目检查方法

带式输送机隐蔽项目检查方法如表 21 所示。

表 21 带式输送机隐蔽项目检查方法

设备部位	检查项目	检查内容及标准
MB 无级变速机	1. 目测液位情况	1. 牵引液（Ub-1 或 Ub-3 牵引液），且液位必须达到油镜中心线附近。
	2. 齿轮油脂情况	2. 每个检修周期，检查或添加润滑油脂。用 40#~90# 工业齿轮润滑油。蜗轮箱中用钙锂基润滑脂或二硫化钼润滑脂润滑。
	3. 放气旋塞	3. 变速器上的放气孔旋塞是否已松开。
	4. 异常噪声	4. 检查是否有零件损坏，须在开机时调速。

续表

设备部位	检查项目	检查内容及标准
MB 无级变速机	5. 表面温度测量	5. 工作环境温度不得超过 40℃，表面温度不得超过 75℃。
	6. 调速限位螺钉位置	6. 是否已调整在极限位置，不得随意调整，以免损坏零件。
托辊	1. 托辊转动有无异常声响	1. 在 1m 处是否超过 85dB。
	2. 托辊运转是否平稳	2. 是否匀速运转，磨损情况是否良好。
皮带	1. 皮带是否跑偏	1. 如有磨损现象存在，检查后滚筒平行情况，必要时调节丝杠。
	2. 皮带磨损情况	2. 是否存在有碍运行的开线、破损等情况。
传动链条	1. 传动链条是否损坏	1. 查看整圈是否存在开裂，检查销轴拉延情况。
	2. 链条是否松动	2. 超过允许下垂度应予以调整。
闸门驱动钢丝绳	1. 表面缺陷	1. 是否有起刺等不允许存在的缺陷。
	2. 闸门驱动钢丝绳是否断裂	2. 是否有断裂的绳股存在。
	3. 表面油灰情况	3. 清理，并在条件许可的情况下，可采用油脂润滑。
紧固螺栓	1. 紧固螺栓松动情况	1. 设备本身有无振动情况，用力矩扳手紧固测试。
运转部位	1. 是否存在煤泥等杂物	1. 每周检查螺栓、托辊、皮带，并及时清理托辊和滚筒外壳的煤泥等杂物。

2.12.2.4 处理措施及更换周期

（1）闸门驱动钢丝绳存在起刺、断裂等缺陷时应予以更换。

（2）变速机在工作 500h 后，应更换牵引液，工作 1500h 后再更换一次，以后每隔 2000h 左右更换一次牵引液。

（3）每个检修周期，应添加 40#~90# 工业齿轮润滑油。蜗轮箱中应添加钙锂基润滑脂或二硫化钼润滑脂润滑。

（4）胶带采用加厚钢丝芯、双面带抗网裙边输送带，抗冲击、抗撕裂、防撒漏，常规寿命三年以上。

（5）传动链条松动无法满足调节长度要求时，可截掉一段。但拉延过长有脱齿或磨齿现象时，应予以更换。

2.12.3 差动齿辊破碎机

2.12.3.1 结构简图

差动齿辊破碎机由电动机、传动机构、减速装置、连接装置等组成，如图 38 所示。

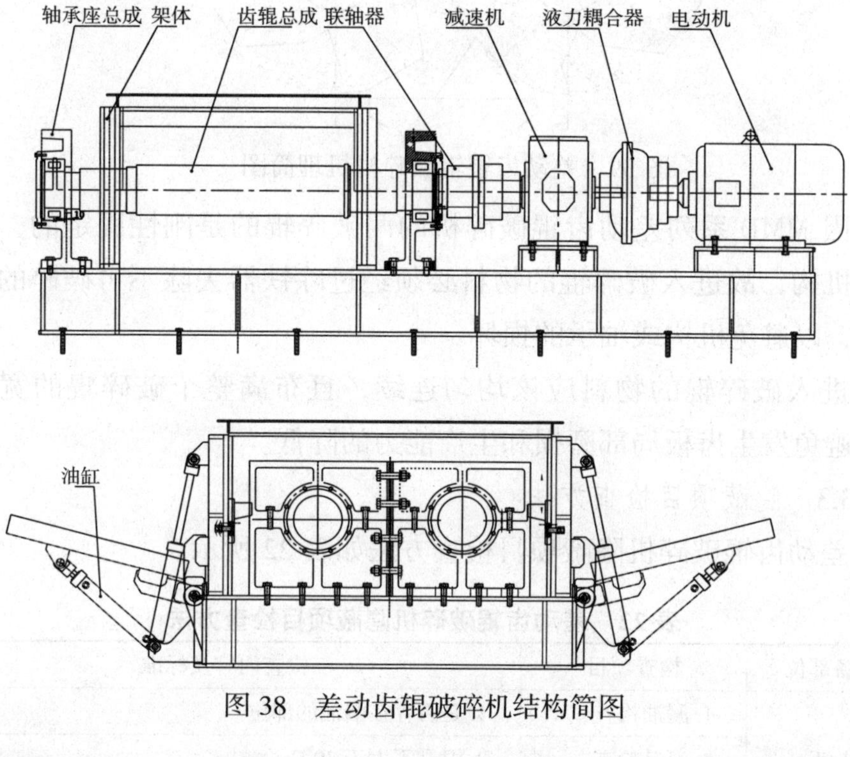

图 38 差动齿辊破碎机结构简图

2.12.3.2 结构特点及失效机理

MMD 系列差动齿辊破碎机主要适用于化工、煤炭等行业脆性块状物料中级破碎，其入料粒度最大可达 300mm，出料粒度最小可达 50mm，可对抗压强度≤80MPa 的物料进行破碎。两个齿辊的旋转方向为反向旋转时，就相当于 2 台单齿辊破碎机在工作，一些小于破碎齿之间隙的物料从该缝隙中漏下，不参与破碎的过程，大颗粒的物料被破碎齿带向两侧而被破碎。MMD破碎机过大颗粒比旋回破碎机和颚式破碎机分别少10%和25%。过细粉末分别少17%和22%。差动齿辊破碎机机理如图39所示。

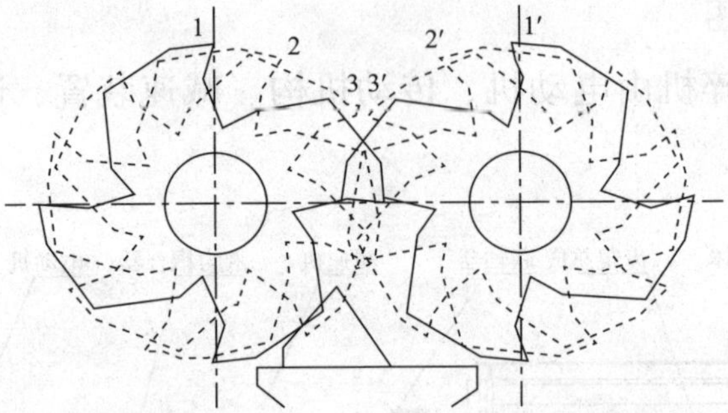

图39 差动齿辊辊破碎机机理简图

因MMD系列差动齿辊破碎机的两破碎辊的是刚性固定的，没有退让机构，故进入破碎辊的物料必须经过除铁器去除不可破碎的含铁材料，以避免机构或轴承的损坏。

进入破碎辊的物料应该均匀连续，且布满整个破碎辊的宽度空间，避免发生齿板局部磨损和生产能力的降低。

2.12.3.3 隐蔽项目检查方法

差动齿辊破碎机隐蔽项目检查方法如表22所示。

表22 差动齿辊破碎机隐蔽项目检查方法

设备部位	检查项目	检查内容及标准
减速机	1. 漏油检查	1. 是否存在漏油的部位。
	2. 温升检查	2. 温升不大于30℃。
	3. 目测油位情况	3. 油位须在油镜中心线附近。
液力偶合器	1. 漏油检查	1. 是否存在漏油的部位。
	2. 温升检查	2. 温升不大于30℃。
齿板及螺栓	1. 齿板磨损	1. 当出料的粒度已经超过允许的范围后，可以调整移动辊的垫板数量，使出料粒度恢复。
	2. 螺栓松动紧固	2. 使用尖头锤敲击检查，有松动的紧固螺母的扭力为80~100kg/m。

2.12.3.4 处理措施及更换周期

（1）每运转30天，启动自动加注机一次，加注时间为5min，此时向每个轴承加注的润滑脂量大约为25g，润滑脂加注过多，会增加轴承保持架的摩擦，导致轴承温升增加，增加不必要的功率损失。

（2）每运转一个季度，应检查减速机箱内的油质，油滴中有微细的磨损铁粉或杂质，或油品显著发黑应予以更换新的润滑油。

（3）每台减速机加注GL–5 85W/140车用齿轮油25L，向每台液力耦合器加注32号汽轮机油13L，向自动润滑脂加注机加注2号锂基脂4.0kg，向手推式液压站油箱加注32号抗磨液压油18L。

（4）齿板磨损到出料的粒度已经超过允许的范围无法调节后，应予以更换。更换齿板时，垫圈是用专用磁铁取出的。新更换的齿板应与齿板座贴合紧密并紧固螺栓达到要求的扭力。

2.12.4 鳞板输送机

2.12.4.1 结构简图

鳞板输送机由驱动系统、头部拖动系统、尾部张紧系统、中间输送系统、受料出料口、控制系统组成，如图40所示。

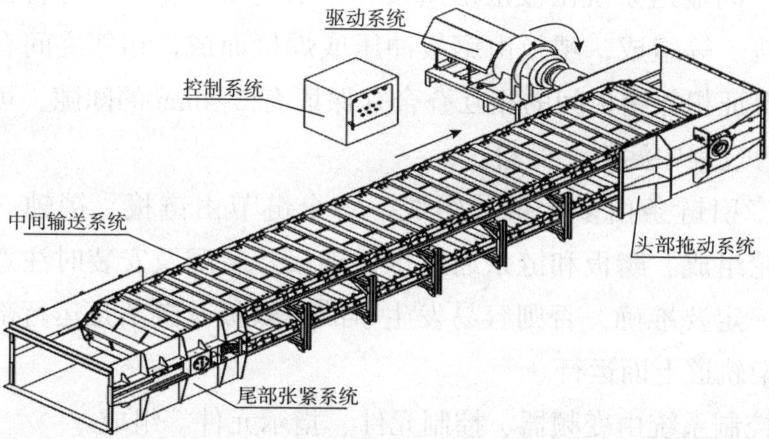

图40 鳞板输送机结构简图

2.12.4.2 结构特点及失效机理

（1）结构特点

LB 型鳞板输送机是由板链牵引以沿轨道运行的波浪形鳞板来水平输送物料的设备，具有输送能力大、使用寿命长、维护量小、运行成本低等优点。

①驱动系统由电动机、减速机、液力偶合器、联轴器等组成，有电机罩等罩在设备外，运转时起安全防护作用。

②头部拖动系统由头部壳体、主拖动轴、轴承座及其连接组件等组成，两个链轮通过轮毂装置在由一对滚动轴承支承的主轴上，轴承座坐落在头部壳体上面。在轴承座上有油杯，可以定期对轴承进行加油润滑。拖动链轮为两瓣式结构，与轮毂通过螺栓连接，方便链轮磨损后快速更换。

③尾部张紧系统由尾部壳体、尾轮轴、尾部链轮、张紧装置等组成，尾部链轮通过双滚动轴承支承在链轮轴上，尾轮轴又由一对带滑槽的滑块支承在尾部壳体上。张紧装置由螺杆、弹簧及其附件组成。可手动调整张紧位置，又可依靠弹簧张力达到自动张紧的目的。

④中间输送系统由波浪形鳞板、牵引链条、中间节（含支架、壳体、导轨）等组成，鳞板由钢板冲压或焊接而成，相邻之间有弧形搭接檐以保证相邻鳞板间的相互叠合并保证有 2~4mm 的间隙，可防止料斗在运行过程中漏料、撒料。

⑤牵引链条由多个链节组成，每个链节由链板、销轴、轴套滚子、滚轮组成。鳞板和链条通过螺栓连接。装配及安装时注意滚轮轮缘方向一定要准确，否则容易发生事故，鳞板及链条是运行部件，一直在机架轨道上面运行。

⑥控制系统由变频器、控制元件、指示元件等组成。

（2）失效机理

①使用鳞板输送机前，应先空载运转一段时间，待设备运转正常后方可加料，应保持加料均匀，不得大量突增或过载运行。如无特殊情况，不得负载停车。需停车时，应先停止加料和将输送机内物料全部卸空后方可停车。鳞板输送机在工作时，不允许对运行部件进行清扫和修理，也不允许调整张紧装置，以免发生安全事故。

②对满载运输时发生紧急停车后的启动，应先开动最后一级卸料设备，等后一级设备排空料后，再逐台开启前面设备，停车顺序则与启动顺序相反。如果是几台设备顺序衔接使用，启动时应先开动最后卸料的一台，然后逐台往前开动，停车顺序则与启动顺序相反。

③运行过程中，应严防铁件、大块硬物和杂物混入鳞板输送机内，以免损伤输送机或造成其他事故。操作人员应经常观察鳞板输送机的运转情况，检查各连接处连接螺栓是否紧固，中间导轨磨损情况，链条有无损毁，各传动齿轮、拖动及改向齿轮的磨损情况。鳞板输送机内死角处往往有过多物料堆积，应予以清除，以免影响鳞板输送机的运行和造成链条磨损加剧。

④要经常注意调节螺旋式张紧装置，使链条保持适当的张紧度。调节时应使两边的螺杆均匀移动，使尾轴轴线与输送机的中心线保持垂直。调节螺杆表面应经常保持清洁涂油润滑。鳞板输送机各润滑部位要保持良好的润滑，但应注意链条与支承导轨、头尾轮与托链轮等的接触面不得涂润滑油。

⑤鳞板输送机不适用反转。鳞板输送机不宜输送湿料或黏附性的物料，非全封闭结构的露天部分应有防雨措施。

2.12.4.3 隐蔽项目检查方法

鳞板输送机隐蔽项目检查方法如表 23 所示。

表 23　鳞板输送机隐蔽项目检查方法

设备部位	检查项目	检查内容及标准
电机、减速机	1. 检查油位情况及油品	1. 添加或更换。
	2. 检查外观是否存在漏油等	2. 清扫表面检查是否有漏油痕迹。
	3. 检查内部轴承	3. 每次检修应更换轴承及润滑油。
头轮轴	1. 是否存在轴面磨损情况	1. 如存在予以更换。
	2. 轴承噪声、温度	2. 温升是否正常，并加注 2 号极压锂基润滑脂（GB/T 7323）。
尾轮轴	1. 是否存在轴面磨损情况	1. 如存在予以更换。
	2. 轴承噪声、温度	2. 温升是否正常，加注 2 号极压锂基润滑脂（GB/T 7323）。
头、尾轮轮齿	1. 轮齿磨损情况	1. 磨损量大，予以更换。
鳞板	1. 螺栓是否松动或磨损	1. 松动则紧固。
	2. 支承钢板及料槽是否变形	2. 变形大，则予以更换。
链条	1. 链节铰接处是否磨损	1. 加注 2 号 MoS2 复合钙基润滑脂 L–XADGA3。
	2. 链板与销轴、销套的配合情况	2. 检查配合度，磨损量大，应予以更换。
	3. 链条的张紧程度是否合适	3. 检查张紧度，必要时调节张紧装置。
	4. 链条销轴的磨损情况	4. 如磨损量大，予以更换。
托链轮	1. 托链轮运行表面的磨损情况	1. 属于易损件，如磨损量大，予以更换。
	2. 拆开几个滚轮查看内部油脂填充情况	2. 逐个滚轮用油枪添加。
导轨	1. 磨损情况	1. 属于易损件，如磨损量大，予以更换。
托轮	1. 润滑情况，拆开检查油脂填充情况	1. 加注润滑脂。
	2. 磨损情况	2. 属于易损件，如磨损量大，予以更换。
液力偶合器易熔塞	1. 是否存在熔化泄油	1. 检查是否存在卡阻或磨损严重情况。

2.12.4.4 处理措施及更换周期

（1）链条长期运转后链条节距增大，应考虑予以更换。

（2）如发现链条、链轮、导轨磨损以及链条滚子磨损严重或导轨磨损严重，应及时修复或更换。

（3）链条关节转动不灵，托轮转动不灵，经润滑或修理后仍不改善的应考虑更换。

2.12.5 往复式给料机

2.12.5.1 结构简图

往复式给料机结构如图 41 所示。连接段安装于料仓口部，在其下安装导料槽，在导料槽下安装多底板给料装置；多底板给料装置由底板、托辊组件、曲柄连杆机构、驱动装置、皮带装置和涨紧装置等机构组成；驱动装置由无级变速机经链传动驱动曲柄连杆，再带动三个底板做往复运动；在导料槽上，安装有闸门机构和驱动装置，在维护时实现出料的开闭；在底板与底板、底板与侧板之间装有皮带装置和

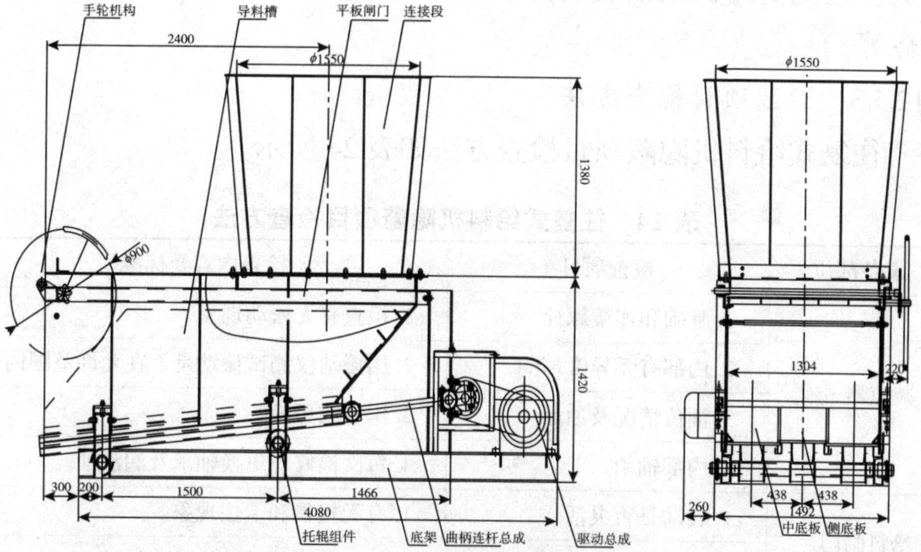

图 41 往复式给料机构简图

皮带涨紧装置，用来收集传输过程中的撒落料，而且皮带装置和曲柄机构共用同一套驱动装置。

2.12.5.2 结构特点及失效机理

GLW—Ⅱ型多底板往复式给料机是在原重载助力给料机的基础上加以研制开发的，不但具备重载助力给料机功率小、重量轻、给料量大，给料连续稳定、调整方便、噪声小、维修量小、部件通用性强等优点，而且有效地解决了重载给料机存在的撒落料问题。其方法是在原重载给料机的基础上又在底板与底板之间、底板与侧板的缝隙下面增设了4条皮带，这样撒落地物料就会落到皮带上，然后随皮带的往复旋转运动重新送入到下级传输装置中去，这样就有效地解决了撒落煤的问题，实现了自动化的落料回收控制，提高了生产率，有效地保护了现场环境。另外，为了防止皮带松弛，又在每条皮带下面增设了张紧装置。

在往复式给料机使用过程中，应经常检查各部件运行情况，听变速机和托辊的运行声音是否正常，看皮带是否跑偏等，发现问题及时解决。避免变速机缺油或润滑油脂而损坏、皮带松动过长、过早疲劳破坏等。

2.12.5.3 隐蔽项目检查方法

往复式给料机隐蔽项目检查方法如表24所示。

表24 往复式给料机隐蔽项目检查方法

设备部位	检查项目	检查内容及标准
减速器	1. 基础和连接螺栓	1. 检查有无松动现象
	2. 内部有无异常声响	2. 用振动仪测试振动是否在允许范围内。
	3. 油位情况及油品	3. 添加或更换。
	4. 内部轴承	4. 每次检修应更换轴承及润滑油。
给料闸门	1. 转动是否灵活	1. 有无损伤和卡住现象。
	2. 是否存在锈蚀	2. 注入几滴机械油，防止锈蚀。

续表

设备部位	检查项目	检查内容及标准
给料机底板	1. 表面质量	1. 有无变形和凹凸现象。
	2. 漏料排查	2. 两边侧板和后斜板有无破损和漏料现象。
给料机与卸料出口	1. 溜槽是否存在破损现象	1. 检查有无漏料现象。
	2. 出料均匀无堵塞现象	2. 目测出料情况。
	3. 出料溜槽内积煤	3. 给予清理清扫。
往复机构	1. 运动情况	1. 往复运动无框动、蹩劲及左右摆动现象。
	2. 异常声响	2. 无特别的异常声响。
往复拖板	1. 往复运动	1. 往复灵活、不跑偏、不蹩劲。
拖板部分	1. 偏心销轴	1. 偏心销轴有无松动和脱出现象。
	2. 轴承有无损坏状况	2. 确定是否损坏并予以更换。
	3. 磨损程度	3. 给料机拖板磨损量如超过原厚度的 1/3 应考虑更换或补焊衬板。
	4. 销轴和偏心轴磨损程度	4. 拖板销轴与偏心轴磨损量不得超过原直径的 5%，如超标应更换。
	5. 托轮滑道、滚动面和轮缘	5. 托轮滑道有无弯曲变形，滚动面应当光滑平整，磨损量不得超过 2.5mm，轮缘磨损不得超过原厚度的 30%，接触面不得小于 65%。
	6. 校对拖板中心线	6. 偏摆量超过 3mm 应进行调整。
操作平台与防护栏杆爬梯。	1. 是否安全牢固可靠	1. 有无松动和位移现象。

2.12.5.4 处理措施及更换周期

（1）检查校对拉杆、拖板中心线，如偏摆量超过3mm应进行调整。

（2）电动机、减速器、托轮、拖板及料仓固定螺栓进行检查紧固工作。

（3）拖板销轴与偏心轴磨损量不得超过原直径的 5%，如超标应更换。

（4）托轮滑道有无弯曲变形，滚动面应当光滑平整，磨损量不得超过2.5mm，轮缘磨损不得超过原厚度的30%，接触面不得小于65%。

（5）料仓出料闸门应进行开闭试验，要求开闭灵活，定位装置可靠，固定良好。

（6）给料机拖板磨损量如超过原厚度的1/3应考虑更换或补焊衬板。

（7）对偏心轴固定螺栓和曲柄杆轴承固定螺栓进行紧固，锁母要锁紧，确保螺栓不松动。

（8）闸门调节，摆动闸门手把将其固定在某一定位孔内，即可调整闸门开度。

（9）往复速度的调节：将曲柄杆部位销轴拔出，松动螺母，转动曲柄杆，按曲柄壳的位置“1、2、3、4”选择固定，将销轴插入连接曲柄与曲柄壳，紧固销轴的螺母，即可达到往复次数的变动，改变小时给料量。

2.12.6　电液动犁式卸料器

2.12.6.1　结构简图

电液动犁式卸料器由执行机构（电液推杆）、犁头、托辊及支架、液压系统、接近开关附件等组成，如图42所示。

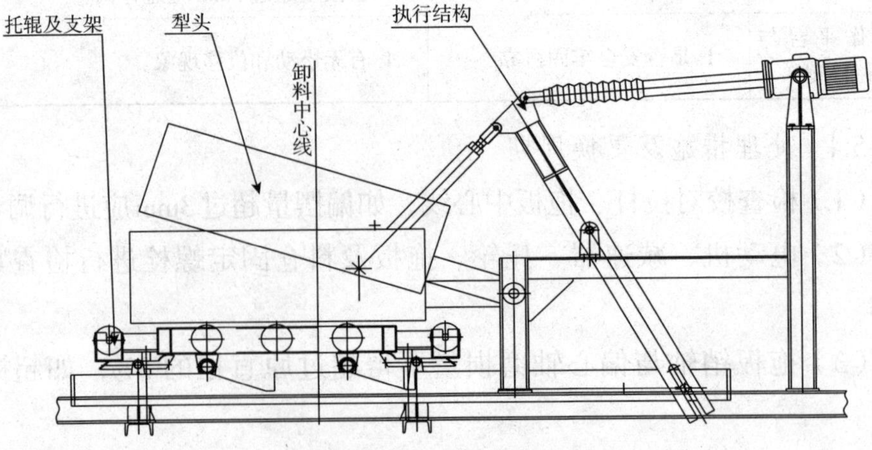

图42　电液动犁式卸料器结构简图

2.12.6.2 结构特点及失效机理

电液动犁式卸料器是使用在带式输送机上，进行堵截分流及控制卸料流量的一种装卸机具，能够实行远距离控制或自动控制，实现机械化自动卸料。

（1）机械部分

电液动犁式卸料机以电动液压推杆为动力源，工作时，通过推杆伸出作用于驱动杆，带动框架前进，完成犁刀下落，并支承起平托辊组，使胶带工作面平直，犁刀下沿与胶带面贴合紧密，将运行胶带上的物料卸入漏斗（料斗）中，或卸到需要的场所去。卸料完毕时，启动推杆缩回作用于驱动杆，带动框架后退，犁刀上抬，可变槽角托辊组由平形变回槽形，使胶带工作面恢复槽形状态，让物料平稳通过。由于电动液压推杆采用液压传动，具有自动过载保护性能，当运行受阻时，油路中压力增高到调定的限额，溢流装置迅速而准确地溢流，实行过载保护。电机运转在额定值内，不会烧毁。

（2）液压站部分

电液推杆是通过电机带动油泵经集成式油路系统使油液经过油缸的前后腔，从而实现液压缸往复运动，由于采用集成式油路控制系统，它能根据电机的正反转变换油流方向，停止工作时，油路被内部液控单向阀锁死，实现双向保压的功能。

（3）失效形式

①液压站使用时，不可随意调节系统压力，以防止给系统带来不稳定。

②当不需要电液推杆工作时，关闭电源，既可防止系统过热，又可节约能源。

③为确保犁式卸料器的正常运行，日常应正确使用，精心维护保养，定期检修及更换零部件，防止不正确操作，避免造成设备和人身事故发生。

④应保证安全报警装置处于完好状态，否则易引起推杆过力失效。

⑤应保证犁刀在卸料状态和非卸料状态两个极限位置，电动推杆能自动停止。保证电动推杆上的力矩开关正常，超力矩时自动停止运动。

⑥电动推杆用轴用和孔用密封圈起不到密封作用时，引起推杆无力直至不动作。

2.12.6.3 隐蔽项目检查方法

电液动犁式卸料器隐蔽项目检查方法如表 25 所示。

表 25 电液动犁式卸料器隐蔽项目检查方法

设备部位	检查项目	检查内容及标准
电液推杆	1. 推杆防护套	1. 有无破损现象。
	2. 各连接接头	2. 有无渗油现象。
	3. 推杆表面质量	3. 镀铬表面有无损伤情况。
液压站	1. 液压油更换	1. 夏天 46# 液压油，冬天 32# 液压油，按维修周期更换。
	2. 吸油滤网	2. 取出检查是否需要清洗。
机械传动部分	1. 焊缝部位	1. 有无开焊开裂现象。
	2. 变形弯曲	2. 有无变形弯曲等现象。

2.12.6.4 处理措施及更换周期

电液动犁式卸料器故障处理措施及更换周期如表 26 所示。

表 26 电液动犁式卸料器故障处理措施及更换周期

序号	故障现象	产生原因	处理措施及更换周期
1	电机启动，建立不起压力	1. 电源没接好或电机反转	1. 检查电源线或调整电机转向。
		2. 压力表开关未松开	2. 松开压力表开关。
		3. 溢流阀卡死	3. 清洗溢流阀。
		4. 油泵有气	4. 对系统进行排气。
		5. 系统有地方漏油	5. 找出泄漏点，解决泄漏问题。
2	系统压力不稳	1. 油液液面太低，吸油不足	1. 加油。
		2. 油液污染严重	2. 更换油液或加强过滤。

续表

序号	故障现象	产生原因	处理措施及更换周期
3	油温太高	1. 电机长时间工作	1. 当不使用时关闭电机。
		2. 溢流阀设定压力过高	2. 将溢流阀压力调低。
4	系统流量太小或不稳	1. 吸油滤油器堵塞	1. 清洗过滤器。
		2. 油泵损坏	2. 更换新油泵。
5	活塞杆不动	1. 电机不转动（线路不通或电机烧坏）	1. 查电路，电机是否烧坏。
		2. 缸筒内未加液压油或油位太低	2. 加油至规定油位。
		3. 油液太脏，两只液控单向阀都卡死	3. 用柴油清洗互研阀体、阀芯。
6	活塞杆只能一个方向工作	1. 油液太脏	1. 用柴油清洗并更换液压油。
		2. 液控单向阀控制阀芯卡死	2. 用柴油清洗互研阀体、阀芯。
7	电机与缸筒体结合处漏油	1. 油泵轴向密封件损坏	1. 更换密封件。

3　手册引用文件

[1] 石油化工设备维护检修规程　第一册　通用设备
[2] 石油化工设备维护检修规程　第二册　炼油设备
[3] 石油化工厂设备检修手册　泵
[4] 石油化工厂设备检修手册　加热炉
[5] 石油化工厂设备检修手册　换热器
[6] 石油化工厂设备检修手册　容器
[7] SHS 01006　管式加热炉维护检修规程
[8] SHS 01009　管壳式换热器维护检修规程
[9] SHS 01007　塔类设备维护检修规程
[10] SH/T 3096　高硫原油加工装置设备和管道设计选材导则
[11] SH/T 3129　高酸原油加工装置设备和管道设计选材导则
[12] TSG D0001　压力管道安全技术监察规程——工业管道
[13] TSG D7005　压力管道定期检验规程
[14] TSG 21　固定式压力容器安全技术监察规程
[15] GB 50236　现场设备、工业管道焊接工程施工及验收规范
[16] GB 50484　石油化工建设工程施工安全技术规范